U0172212

HIGH VOLTAGE METROLOGY TECHNOLOGY AND STANDARD DEVICE

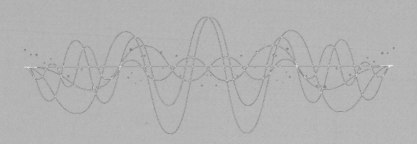

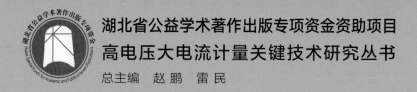

湖北省公益学术著作出版专项资金资助项目

高电压大电流计量关键技术研究丛书

总主编 赵鹏 雷民

高电压计量技术 与标准装置

周 峰 姜春阳 杜新纲 周 晖
李登云 龙兆芝 刘 浩　著

华中科技大学出版社
http://press.hust.edu.cn
中国·武汉

内 容 简 介

本书内容涉及工频、直流和冲击电压的高准确度计量方法和装置,并结合工作实践,介绍了标准装置设计流程、工艺要求等。

与国内外同类书籍相比,本书更专注于高电压计量标准装置,减少了对于高电压比例各类装置基本原理的介绍,书中给出大量设计实例,如高压双级互感器、直流分压器、冲击测量系统的设计,读者可根据书中给出的设计方案及相关参数开发设计类似装置。本书较为注重实操环节,应用性强,是研究、技术人员用于进阶学习,提高相关专业素养的专业书籍。

图书在版编目(CIP)数据

高电压计量技术与标准装置/周峰等著. —武汉:华中科技大学出版社,2023.4
(高电压大电流计量关键技术研究丛书)
ISBN 978-7-5680-8896-1

Ⅰ.①高… Ⅱ.①周… Ⅲ.①电压测量 Ⅳ.①TM933.2

中国国家版本馆 CIP 数据核字(2023)第 073678 号

高电压计量技术与标准装置	周　峰　姜春阳　杜新纲　周　晖
Gaodianya Jiliang Jishu yu Biaozhun Zhuangzhi	李登云　龙兆芝　刘　浩　　著

策划编辑:徐晓琦　范　莹
责任编辑:朱建丽　李　露
装帧设计:原色设计
责任校对:曾　婷
责任监印:周治超

出版发行:华中科技大学出版社(中国·武汉)　　电话:(027)81321913
　　　　　武汉市东湖新技术开发区华工科技园　　邮编:430223
录　　排:武汉市洪山区佳年华文印部
印　　刷:湖北新华印务有限公司
开　　本:710mm×1000mm　1/16
印　　张:14.5
字　　数:293 千字
版　　次:2023 年 4 月第 1 版第 1 次印刷
定　　价:88.00 元

总　序

　　一个国家的计量水平在一定程度上反映了国家科学技术和经济发展水平，计量属于基础学科领域和国家公益事业范畴。在电力系统中，高电压大电流计量技术广泛用于电力继电保护、贸易结算、测量测控、节能降耗、试验检测等方面，是电网安全、稳定、经济运行的重要保障，其重要性不言而喻。

　　经历几代计量人的持续潜心研究，我国攻克了一批高电压大电流计量领域核心关键技术，电压/电流的测量范围和准确度均达到了国际领先水平，并建立了具有完全自主知识产权的新一代计量标准体系。这些技术和成果在青藏联网、张北柔直、巴西美丽山等国内外特高压输电工程中大量应用，为特高压电网建设和稳定运行提供了技术保障。近年来，德国、澳大利亚和土耳其等国家的最高计量技术机构引进了我国研发的高电压计量标准装置。

　　丛书作者总结多年研究经验与成果，并邀请中国科学院陈维江院士、中国工程院程时杰院士等专家作为顾问，历经三年完成丛书的编写。丛书分五册，对工频、直流、冲击电压和电流计量中经典的、先进的和最新的技术和方法进行了系统的介绍，所涉及的量值自校准溯源方法、标准装置设计技术、测量不确定度分析理论等内容均是我国高电压大电流计量标准装置不断升级换代中产生的创新性成果。丛书在介绍理论、方法的同时，给出了大量具有实际应用意义的设计方案与具体参数，能够对本领域的研究、设计和测试起到很好的指导作用，从而更好地促进行业的技术发展及人才培养，以形成具有我国特色的技术创新路线。

随着国家实施绿色、低碳、环保的能源转型战略，高电压大电流计量技术将在电力、交通、军工、航天等行业得到更为广泛的应用。丛书的出版对促进我国高电压大电流计量技术的进一步研究和发展，充分发挥计量技术在经济社会发展中的基础支撑作用，具有重要的学术价值和实践价值，对促进我国实现碳达峰和碳中和目标、实施能源绿色低碳转型战略具有重要的社会意义和经济意义。

2022年12月

∽◦ 前 言 ◦∽

本书整体上分为4个部分，共8章。

第1部分为第1章至第3章。第1章为绪论。第2章至第3章介绍了工频高电压计量技术。第2章介绍了工频高电压计量中的关键参量和电磁式电压互感器技术原理，详细介绍了多级励磁原理和方法，并结合多级感应分压器和高压双级互感器介绍了最新的多级励磁技术。此外，还介绍了串联式电压互感器原理和我国的特高压标准器，最后介绍了基于有源器件的工频分压器。第3章介绍了工频电压比例标准装置自校准方法，包括电压串联加法、二分之一对称叠加溯源方法和基于气体电容器的电压系数溯源方法，并给出了具体实现线路。

第2部分为第4章至第5章，主要介绍直流高电压计量技术。第4章介绍了直流高电压计量中的关键参量和常用的直流高电压计量标准器结构，重点介绍了直流分压器测量准确度的影响因素及理论计算，最后介绍了直流电压比例标准误差的测量方法。第5章介绍了直流电压比例标准的溯源方法，包括低电压和高电压下的溯源方法，如哈蒙原理、2/1自校准法、直流电压加法。

第3部分为第6章至第7章，主要介绍冲击高电压计量技术。第6章介绍了冲击电压比例测量的关键参量，介绍了冲击发生器的基本原理和高准确度校准器的研制，介绍了电阻分压器和阻容分压器的原理及研制方法，最后介绍了数字记录仪的基本组成，重点介绍了衰减器的设计。第7章介绍了冲击电压量值的溯源方法，介绍了误差量值确定的原理和方法，重点介绍了刻度因数和线性度的标定方法。

第4部分为第8章，整体介绍了我国目前最高工频、直流和冲击电压比例标准装置，介绍了它们的结构原理及与国外计量装置的计量比对情况。

著者
2022年11月

目　　录

第1章　绪　　论

电压精密测量是伴随电力工业进步而发展的一种测量技术,其主要用于测量工频、直流和冲击电压信号。为保证测量值的准确可靠,高压测量设备应通过高压计量标准装置进行量值溯源,依据被测对象的不同,溯源的方式多为检定或校准。依比例测量原理研制的高压标准装置具有较高的测量准确度,通常作为我国的最高级计量标准装置广泛应用。

Coulomb 在 1785 年发现了电荷间的引力,总结出电的库仑定律,并据此构建了静电学,从那时起静电电压表就用于测量电极间的电荷和电压。工业用的高压静电电压表(见图 1-1)测量范围一般为 1~500 kV。

图 1-1　高压静电电压表

1831 年,Faraday 发现了电磁感应现象和电磁感应定律,这奠定了互感器的理论基础;1882 年,Ferrant 和 Thompson 在英国申报了互感器专利,互感器开始应用于电学测量。

1909 年,Weiker 进行了标准球隙测量电压的研究,开创了球隙测量技术,测量球隙可用于交流电压、正负极性的标准雷电全波冲击电压、长波尾冲击电压及直流电压等高电压的测量。球隙原理示意图如图 1-2 所示。

19 世纪开始,分压器技术已经开始应用于电学测量,Schering 和 Alberti 在 1914年制造了 20 kV 的电阻分压器,并开始将其应用于高压测量。

分压器技术随着电压等级的提升不断发展。1926 年,Palm 制造了世界上第一台 400 kV 压缩气体电容器;1959 年,Keller 制造了 1400 kV 的 30 pF 压缩气体电容器,见图 1-3。

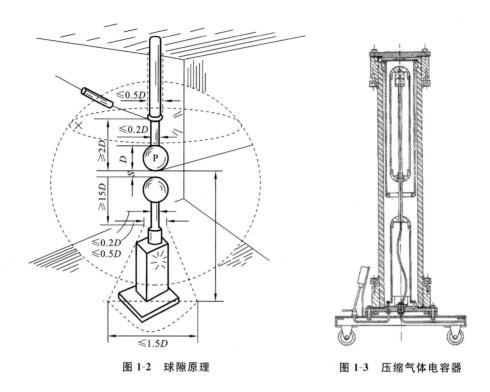

图 1-2　球隙原理

图 1-3　压缩气体电容器

　　1939 年,德国正式颁布了测量球隙标准 VDE 0430/39,该标准涉及的金属球直径为 2～200 cm,间隙为 0.05～150 cm,测量电压范围为 2.8～2250 kV,这一标准沿用至今。

　　分压器的准确度可以满足高电压测量要求,但电阻分压器和电容分压器都不能提供功率输出。Elman 在 1913 年试制出高磁导率材料——玻莫合金,高准确度互感器成为可能,互感器技术开始受到世界各国关注。

　　1922 年,Brooks 和 Holtz 制造了具有两个铁芯的双级电流互感器,如图 1-4 所示。双级电流互感器出现以后,标准分流器被准确度更高、电流量限更大的双级电流互感器代替,不再用于电流互感器检测。在双级电流互感器的基础上,研究人员基于互易原理,提出了双级电压互感器方案,使标准电磁式电压互感器的测量准确度提高了至少 1 个数量级。

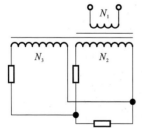

图 1-4　具有两个铁芯的双级电流互感器

　　为确定标准电压互感器的测量准确度,1954 年,德国联邦物理技术研究院(PTB)发明了电压互感器串并联加法,电压互感器开始成为高电压精密测量的主要手段。然而电压互感器串并联加法过于烦琐,在测试过程中需要多个调平衡支路,且在更高电压下使用该方法时,测量不确定度显著增大,在此期间,工频高电压的溯源主要还是采用标准气体电容器进行。

1994 年,国家高电压计量站使用电压互感器串并联加法建立了我国 110 kV 工频电压比例标准装置(见图 1-5),随后建立了 500 kV 电容式工频电压比例标准。

图 1-5　第一代 110 kV 工频电压比例标准装置

2010 年,国家高电压计量站提出了"二分之一"对称叠加溯源方法,改进了传统电压互感器串并联加法无法保持标准器工作状态的问题,发明并研制了 1000 kV 串联式工频电压比例标准,解决了高准确度超/特高压标准电压互感器的量值传递问题,其成功应用于特高压变电站现场试验中。我国基于"二分之一"对称叠加溯源方法完成了新一代工频电压比例标准装置(见图 1-6)的自校准溯源。

图 1-6　我国 1000 kV 工频电压比例标准装置

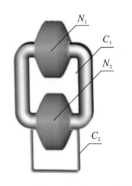

图 1-7 高压双级电压互感器
　　　　铁芯示意图

2019 年,国家高电压计量站攻克了高压双级电压互感器关键技术(铁芯示意图见图 1-7),研制了 110 kV、220 kV 和 500 kV 的三台双级高压标准电压互感器,它们的准确度等级全面提升。

本书接下来将重点介绍近年来的工频、直流和冲击电压高准确度计量技术,不同于常规高电压测量、测试设备,高电压计量标准装置具有更高的测量准确度,在研制过程中,研究人员更加关注影响其测量误差的主要因素,为了消除各种影响,高电压计量装置的设计原理也更加复杂,相应装置的结构也复杂得多,本书中采用的各类测量误差处理方法也都可以借鉴到低电压的测量装置及各类电信号的计量测试装置的研发中,进而提高设备的测量性能。

第 2 章　工频电压计量技术

涉及电能计量信号的主要是工频电压和电流信号。用于标定各类工频高电压测量设备的计量标准装置种类很多,其中使用较为广泛的是基于电磁耦合原理的电磁式电压互感器和感应分压器,它们具有不同的设计原理。为了获得更高的测量准确度,出现了双级电压互感器结构。而随着电压等级的提升,为了解决高电压绝缘与精密测量相互制约的问题,提出了串联型(串联式)电压互感器结构,显著降低了绝缘设计难度。相比于电磁式电压互感器,分压器具有成本低、绝缘性能好的优点,但受电压系数等因素的影响,分压器的稳定性整体而言要比电磁式电压互感器的差很多,但基于即校即用的方法,分压器在工频高电压计量领域也应用广泛。本章将重点介绍电磁式电压互感器中具有高准确度的多级感应分压器、高压双级互感器的结构及设计实例,并介绍 1000 kV 串联式标准电压互感器的基本原理及特性。最后介绍基于电子线路的有源分压器,介绍设计具有高准确度的有源分压器的基本原理。

2.1　工频高电压计量关键参量

工频高电压计量标准装置的主要功能是将一次高电压按照某个比例变换为二次低电压,供二次测试仪表使用。工频电压信号在电力系统中很重要的一个功能是用于后端电能表的电能计量,所以在电压变换过程中会对电压幅值的变换误差和信号的相位偏移较为关注。而有些高电压测量设备则主要用于试验电压幅值的监测,主要关心的是被测电压信号的幅值信息,为此并不考虑其相位偏差。

2.1.1　感应分压器误差

单盘感应分压器从结构上来看是在一个公共铁芯上由几个紧密耦合绕组串联起来提供电压比率的器件,它具有分压比接近匝比的特点。图 2-1 所示的为一个自耦式感应分压器,当输入端①、②之间加上输入电压 $\dot{U}_1$ 时,在输出端④、⑤之间可给出被分出的电压 $\dot{U}_2$。与此同时,输出端③、⑤之间的电压 $\dot{U}_1-\dot{U}_2$ 与 $\dot{U}_2$ 的比可作为电桥比率使用。

感应分压器传递比率(亦称感应分压器分压系数)定义为开路输出电压复数量与输入电压复数量的比值:

$$K'=\frac{\dot{U}_2}{\dot{U}_1}$$

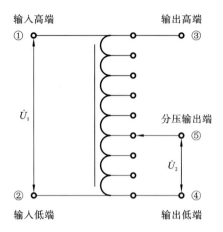

图 2-1 自耦式感应分压器

式中,$\dot{U}_2$ 为感应分压器开路输出电压复数量;$\dot{U}_1$ 为感应分压器输入电压复数量。

感应分压器传递比率误差定义为

$$K'=\frac{\dot{U}_0-\dot{U}_2}{\dot{U}_1}=\frac{\Delta\dot{U}}{\dot{U}_1} \qquad (2\text{-}1)$$

式中,$\dot{U}_0$ 为感应分压器开路输出电压复数量的标称值;$\Delta\dot{U}$ 为感应分压器开路输出电压复数量标称值的误差值。

感应分压器的误差包括幅值误差(也称同相分量误差)和相位误差(也称正交分量误差)。图 2-2 给出了感应分压器误差测试的电压相量图,其中,$\dot{U}_x$ 为被测感应分压器二次电压,$\dot{U}_N$ 为标准感应分压器二次电压,$\Delta\dot{U}$ 为被测信号与标准信号的差值。δ 为两信号间的角度偏差,即被试感应分压器的角差。θ 为差压信号与标准信号间的角度,AC 垂直于 OB。

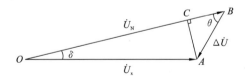

图 2-2 误差测试相量图

按照感应分压器误差的定义,以 O 为圆心,旋转 OA,使其与 OB 相交,交点到 B 的距离,便是两者的幅值差,再将幅值差与 OB 作除法,便是被试互感器的比差。当两个信号的角度偏差较小时(一般小于 0.005 rad),OC 约等于 OA。于是感应分压器的比差 f 为

$$f=\frac{CB}{OB}=\frac{AB\cos\theta}{OB}=\frac{|\Delta\dot{U}|\cos\theta}{OB} \qquad (2\text{-}2)$$

同样的,两者角度偏差 δ 为

$$\delta \approx \sin\delta = \frac{AC}{OA} = \frac{|\Delta\dot{U}|\sin\theta}{OA} \approx \frac{|\Delta\dot{U}|\sin\theta}{OB} \tag{2-3}$$

式(2-3)中,OA 为分母,与 OB 的相对偏差一般在 0.005 以下,作为分母高阶小量,该部分偏差可以忽略,分母 OA 可以换为 OB。

于是感应分压器的误差为

$$\frac{\Delta\dot{U}}{\dot{U}_N} = f + j\delta = \frac{|\Delta\dot{U}|(\cos\theta + j\sin\theta)}{|\dot{U}_N|} = \frac{|\Delta\dot{U}|\cos\theta}{|\dot{U}_N|} + j\frac{|\Delta\dot{U}|\sin\theta}{|\dot{U}_N|} \tag{2-4}$$

2.1.2　电压互感器误差

电磁式电压互感器出现得较早,早在 1882 年,Ferrant 和 Thompson 就在英国申报了互感器专利,电磁式电压互感器是基于电磁耦合原理的,一次绕组产生的磁通在二次绕组中感应出相应比例的电压。

电压互感器的电压误差(比差,比值差)f 按下式定义:

$$f = \frac{KU_2 - U_1}{U_1} \times 100\% \tag{2-5}$$

式中,K 为电压互感器的额定电压比(变比),U_1 为一次电压有效值,U_2 为二次电压有效值。在进行互感器误差校验时,会使用一台标准互感器作为测试标准器,可认为该互感器误差为 0,于是式(2-5)可以写成:

$$f = \frac{K_x U_{x2}}{K_0 U_{02}} - 1 = N\frac{U_{x2}}{U_{02}} - 1$$

其中,N 为被测(被试,被检)互感器额定变比 K_x 与标准互感器额定变比 K_0 的比值,U_{x2} 和 U_{02} 分别为被试互感器和标准互感器的二次电压。当被试互感器与标准互感器变比相同时,被试互感器比差为

$$f = U_{x2}/U_{02} - 1$$

电压互感器的相位误差(角差,相位差)δ 定义为一次电压相量与二次电压相量的相位差。相量方向以理想电压互感器的相位差为零来决定,当二次电压相量超前一次电压相量时,相位差为正,反之为负。

互感器的误差常采用复数形式表示,设互感器的误差为 ε,则

$$\varepsilon = f + j\delta$$

于是,检定互感器时,被检互感器的误差可按照下式计算:

$$\varepsilon = \frac{K_x \dot{U}_{x2}}{K_0 \dot{U}_{02}} - 1 = N\frac{U_{x2}}{U_{02}} - 1 + j\delta$$

其中,$\dot{U}_{x2}$ 和 $\dot{U}_{02}$ 分别为被试互感器和标准互感器的二次电压复数形式。

在进行互感器的误差分析时,采用如图 2-3 所示的等效电路进行分析。图 2-3 (a)为互感器的通用表达原理图,图 2-3(b)为其等效电路。其中,T 为 1∶1 理想变

压器，Z_1 为互感器一次绕组的直流电阻和漏抗，Z_2' 为二次绕组等效到一次的直流电阻和漏抗，Z_m 为互感器的励磁阻抗，I_0 是流经励磁阻抗的励磁电流，Z_b' 为等效到互感器一次的负荷阻抗。由 T 型等效电路可以推导得到互感器的误差为

$$\varepsilon \approx -\frac{Z_1}{Z_m} - \frac{Z_2'}{Z_b'} \tag{2-6}$$

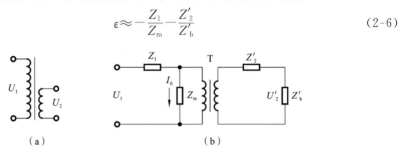

图 2-3   互感器的通用表达原理图及其等效电路

而作为电压比例标准器时，电压互感器在使用时为空载状态，互感器的误差主要由励磁电流在一次直流电阻和漏抗上的压降引起。为了对励磁电流带来的误差进行补偿，提出了双级互感器原理，双级电压互感器等效电路图如图 2-4 所示。双级电压互感器有两个铁芯，一个主一次绕组，一个补偿一次绕组和一个二次绕组。第一级互感器由主一次绕组、二次绕组和主铁芯构成，第二级互感器由补偿一次绕组、二次绕组（与第一级用同一个绕组）和辅助铁芯组成，励磁电流给第一级互感器造成的误差由第二级给予补偿，剩余误差是两级电压互感器误差之积，这样双级电压互感器理论准确度可以达到 0.0001%～0.01%。

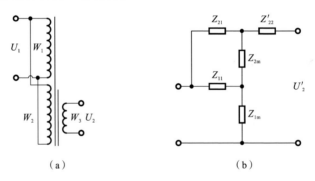

图 2-4   双级电压互感器等效电路图

2.1.3   分压器误差

分压器在 19 世纪已经用于电学测量，由于电压的可加性，低压分压器和高压分压器在工作原理和误差分析方法上没有很大区别，Schering 和 Alberti 在 1914 年制造的 20 kV 交流电阻分压器和后来制造的 130 kV 交流电阻分压器的准确度达到

0.01%。1937 年,Sienknecht 和 linzmann 就已经造出 3 MV 的直流电阻分压器。可以说电阻分压器是高电压测量历史上应用最早、最能保持传统的测量装置。高电压测量用的分压器通过电压的比例变换把高电压与仪表测量联系在一起。

按照 JJG 496—2016《工频高压分压器检定规程》的规定,分压器的误差定义有两种,第一种考虑输出电压的幅值和相位误差,定义与前面电磁式电压互感器的相同。第二种则只考虑幅值误差,分压器分压比相对误差按照下式计算:

$$\gamma = \frac{K_N - K_S}{K_S} \times 100\%$$

其中,γ 为分压比相对误差,用百分数表示;K_N 为分压器的分压比标称值;K_S 为分压器的实际分压比。

2.2　多级感应分压器

2.2.1　原理及结构

多级励磁感应分压器原理图如图 2-5 所示,在双级电压互感器的基础上增加了一级互感器,以进一步减小励磁电流。绕组 W_1 仅绕制在铁芯 C_1 上,W_1 与 C_1 组成第一级互感器;绕组 W_2 同时绕制在铁芯 C_1 和 C_2 上,W_2 与 C_2 组成第二级互感器;绕组 W_3 同时绕制在铁芯 C_1、C_2 和 C_3 上,W_3 与 C_3 组成第三级互感器。W_1、W_2 和 W_3 分别

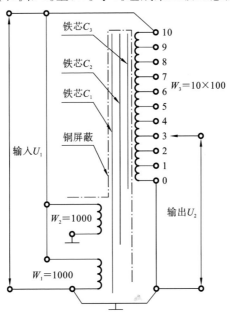

图 2-5　多级励磁感应分压器原理图

给铁芯 C_1、C_2 和 C_3 励磁,因此称为多级励磁。绕组 W_3 基于自耦式原理,采用 10 线并绕,然后首尾串联,因此称为感应分压器。

等效电路如图 2-6 所示,图中,$\dot{I}_{01}$、$\dot{I}_{02}$ 和 $\dot{I}_{03}$ 分别为第一、二、三级互感器的励磁电流,Z_{01}、Z_{02} 和 Z_{03} 分别为绕组 W_1、W_2 和 W_3 的内阻抗,Z_{m1}、Z_{m2} 和 Z_{m3} 分别为绕组 W_1、W_2 和 W_3 的励磁阻抗。

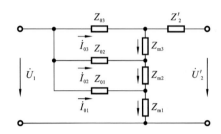

图 2-6　多级励磁感应分压器等效电路

根据互感器误差原理,第一级互感器的误差为

$$\varepsilon_1 = -\frac{\dot{I}_{01} \cdot Z_{01}}{\dot{U}_1} \tag{2-7}$$

对于第二级互感器,其输入电压等于第一级互感器的励磁电流在其一次绕组内阻抗上的压降:

$$\Delta U = \dot{I}_{01} \cdot Z_{01}$$

误差可表示为

$$\varepsilon_2 = -\frac{\dot{I}_{02} \cdot Z_{02}}{\dot{I}_{01} \cdot Z_{01}} \tag{2-8}$$

同理,第三级互感器的误差为

$$\varepsilon_3 = -\frac{\dot{I}_{03} \cdot Z_{03}}{\dot{I}_{02} \cdot Z_{02}} \tag{2-9}$$

将该多级励磁结构作为一个互感器整体,其误差可表示为

$$\varepsilon = -\frac{\dot{I}_{03} \cdot Z_{03}}{\dot{U}_1} = -\frac{\dot{I}_{01} \cdot Z_{01}}{\dot{U}_1} \cdot \frac{\dot{I}_{02} \cdot Z_{02}}{\dot{I}_{01} \cdot Z_{01}} \cdot \frac{\dot{I}_{03} \cdot Z_{03}}{\dot{I}_{02} \cdot Z_{02}} \tag{2-10}$$

将式(2-7)~式(2-9)代入式(2-10),可得

$$\varepsilon = \varepsilon_1 \cdot \varepsilon_2 \cdot \varepsilon_3 \tag{2-11}$$

由式(2-11)可得,三级互感器的总误差为每一级误差的乘积。若每一级误差为 0.1%,则三级总误差理论上可达 10^{-9}。标准电压互感器的误差通常由励磁误差、磁性误差和容性误差三部分组成,式(2-11)仅表示励磁误差,由三级励磁原理,可将感应分压器的励磁误差降低到 10^{-9} 水平。在研制过程中,还必须考虑漏磁和泄漏电流的影响。

根据图 2-5 所示的原理,本书设计的三维结构如图 2-7 所示,具体步骤如下。

① 将绕组 W_1 均匀绕制在铁芯 C_1 上,完成第一级互感器。② 放置铁芯 C_2,C_2 由上、下、内、外四个铁芯封闭而成,作为第二级铁芯的同时,也起到磁屏蔽效果,称其为屏蔽型结构,可以大大降低磁性误差。第二级绕组 W_2 同样均匀绕制在铁芯 C_2 上,完成第二级互感器。③ 第三级铁芯 C_3 同样由四个铁芯闭合而成。为了降低容性泄漏电流的影响,绕组 W_3 采用带屏蔽效果的同轴电缆,10 线并绕在铁芯 C_3 上。整体剖面如图 2-7 所示。

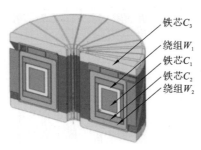

铁芯C_3
绕组W_1
铁芯C_1
铁芯C_2
绕组W_2

图 2-7　多级励磁感应分压器三维结构

2.2.2　参 数 设 计

1. 第一级互感器

假定 $W_1 = 1000$,额定电压 $U_N = 1000$ V,则匝电势 e_t 为 1 V/匝,可计算出截面积为

$$S = \frac{e_t \times 10^4}{4.44 f B_n k} = 47.4 \ (\text{cm}^2) \tag{2-12}$$

式中,f 为频率,感应分压器用于工频,f 取 50 Hz;B_n 为额定磁通密度,取 1.0 T;k 为铁芯叠片系数,取 0.95。为了使铁芯的磁导率曲线更加平坦,第一级铁芯由三个铁芯叠放组合而成,同时绕组均匀分成 10 段,如图 2-8 所示。

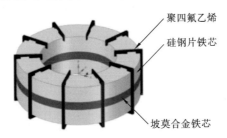

聚四氟乙烯
硅钢片铁芯
坡莫合金铁芯

图 2-8　第一级互感器结构

首先对第一级互感器进行误差理论计算。根据等效电路图 2-6,式(2-7)可进一步表示为

$$\varepsilon_1 = -\frac{\dot{I}_{01} \cdot Z_{01}}{\dot{U}_1} = -\frac{Z_{01}}{Z_{01} + Z_{m1}} \approx -\frac{Z_{01}}{Z_{m1}} \tag{2-13}$$

式中，$Z_{01} \ll Z_{m1}$。若忽略漏感抗，即 $Z_{01} = R_{01}$，可直接测得直流电阻 $R_{01} = 8.7\ \Omega$。接下来测量励磁阻抗 Z_{m1}，测量原理如图 2-9 所示。图中，R_N 为标准电阻，取 R_N 上的电压作为"通道 1"，第一级互感器的二次电压作为"通道 2"，将两个通道电压信号接入双通道切换测量系统，测量结果如表 2-1 所示。

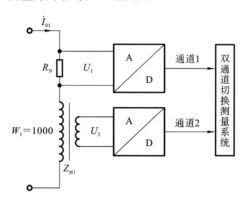

图 2-9　励磁阻抗 Z_{m1} 测量原理

表 2-1　励磁阻抗 Z_{m1} 测量结果

输入电压/V	励磁电流 I_{01}/A	励磁阻抗 Z_{m1}/Ω	阻抗角 φ_1/(°)
1200	0.0050	239.07	61.32
1000	0.0038	267.56	59.66
800	0.0028	284.67	59.86
600	0.0020	301.27	60.13
400	0.0012	321.00	57.80
200	0.0006	311.24	50.94

为方便计算，式(2-13)可表示为指数形式：

$$\varepsilon_1 = -\frac{R_{1e}}{|Z_{m1}| \cdot e^{j\varphi_1}} = -\frac{R_{1e}}{|Z_{m1}|} \cdot e^{j(\pi - \varphi_1)} \tag{2-14}$$

式中，φ_1 为阻抗角。将式(2-14)转化为比值差和相位差，则

$$\begin{cases} \varepsilon_f = \mathrm{Re}\left| \dfrac{R_{1e}}{|Z_{m1}|} \cdot e^{j(\pi - \varphi_1)} \right| = \dfrac{R_{1e}}{|Z_{m1}|} \cdot \cos(\pi - \varphi_1) \\[4mm] \varepsilon_\delta = \mathrm{Im}\left| \dfrac{R_{1e}}{|Z_{m1}|} \cdot e^{j(\pi - \varphi_1)} \right| = \dfrac{R_{1e}}{|Z_{m1}|} \cdot \sin(\pi - \varphi_1) \end{cases} \tag{2-15}$$

式中，ε_f 为比值差，ε_δ 为相位差。将表 2-1 中的数据代入式(2-15)，可计算出第一级

互感器的励磁误差,其曲线如图 2-10 所示。

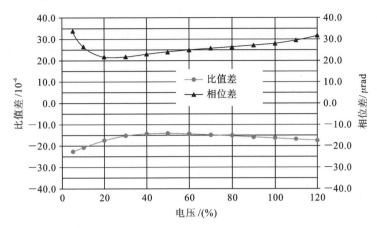

图 2-10　第一级互感器的励磁误差

2. 第二、三级互感器

第二、三级互感器的设计原理与相关计算过程与第一级的类似,在此不作详细描述。其特殊之处在于:第二级铁芯将第一级励磁绕组封闭在内部,可以起到磁场屏蔽效果。

由于漏磁干扰影响,铁芯圆周不同位置的误差必然存在差异。沿着铁芯周长设置等间距的 10 个位置测量点,在每个测量点绕制 1 匝线圈,分别测量不同位置对于 1 匝线圈的误差。对比有、无第二级铁芯屏蔽两种情况,10 个位置误差的分布规律如图 2-11 所示。

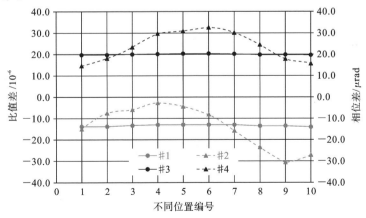

＃1 比值差,有第二级铁芯屏蔽　　　＃2 比值差,无第二级铁芯屏蔽

＃3 相位差,有第二级铁芯屏蔽　　　＃4 相位差,无第二级铁芯屏蔽

图 2-11　第二级铁芯屏蔽效果

从图 2-11 可以看出,未加第二级铁芯屏蔽时,位置不同对误差影响很大,如曲线♯2 和♯4 所示,对于比值差,最大相差约 30×10^{-6},对于相位差,最大相差约 30 μrad。而曲线♯1 和♯3 为有第二级铁芯屏蔽时的误差曲线,可以看出曲线非常平坦,说明第二级铁芯起到了磁场屏蔽的效果。图 2-12 所示的为第二级互感器的实物照片。

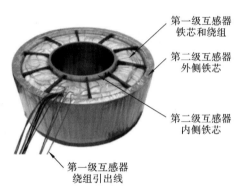

第一级互感器铁芯和绕组

第二级互感器外侧铁芯

第二级互感器内侧铁芯

第一级互感器绕组引出线

图 2-12　第二级互感器实物照片

第三级互感器铁芯 C_3 采用坡莫合金,具有较高的初始相对磁导率(约 100000),W_3 采用 10 线并绕方式,可以认为 10 段的电气参数基本相同,已实现精准分压。同时,绕组 W_3 采用同轴电缆结构,同轴电缆的芯线作为比例绕组,外层屏蔽同样为 10 线并绕且接电源输入端,如此能保证屏蔽层具备等电势,能基本消除容性泄漏电流带来的容性误差。

2.2.3　误差校准

感应分压器的误差校准一般采用参考电势法,本书也基于该原理:将感应分压器的 10 段电压与参考电势分别进行比较,可得各段电压的误差,根据感应分压器原理,各段误差之和为零。经过公式推导,可计算出各段的误差,具体分析可见 JJF 1067—2014《工频电压比例标准装置校准规范》和 JJG 244—2003《感应分压器检定规程》。

图 2-13 给出了基于锁相放大器的感应分压器误差校准原理图。测试部分主要分三部分,第一部分为参考电势与被测分段电压取差压装置,差压经 1∶1 隔离后进锁相放大器测量,第二部分为测试回路标准信号注入装置,该装置向测试回路中注入一次电压信号,通过测试该信号可以得到误差绝对量向相对量的转换系数和取差压装置的转换角差值。第三部分即为锁相放大器。若参考绕组经过补偿后的电压与分段电压间的差压极小,则可在取差压装置后端增加一只低噪音放大器。

根据 JJG 244—2003《感应分压器检定规程》中的附录 E"感应分压器传递比率误差公式推导",对感应分压器的测量结果进行推导计算,最终的误差校准结果如表 2-2

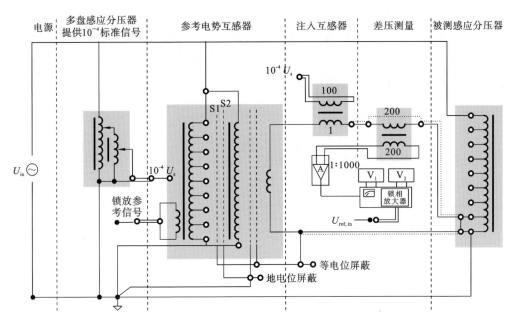

图 2-13   基于锁相放大器的感应分压器误差校准原理图

所示。可以看出,各段的误差均为 10^{-8} 量级,整体误差优于 1×10^{-7}。

表 2-2   误差校准结果

变　比	比值差/10^{-6}	相位差/μrad
10/1	−0.050	0.072
10/2	−0.038	0.032
10/3	−0.026	0.028
10/4	−0.016	0.032
10/5	0.008	0.032
10/6	0.016	0.034
10/7	0.024	0.036
10/8	0.036	0.030
10/9	0.040	0.018
10/10	0.000	0.000

2.3 高压双级互感器

2.3.1 原理

标准电压互感器的二次侧一般为空载条件,传统单级电压互感器的原理图如图 2-14 所示,图中 $\dot{U}_1$ 为一次电压,$\dot{I}_1$ 为一次励磁电流,R 和 X 分别为一次绕组的内阻和漏感抗,励磁电流 $\dot{I}_1$ 在一次绕组的内阻抗 $R+jX$ 上的压降 $\Delta\dot{U}$ 为电压互感器的主要误差来源。

电压互感器的误差可表示为

$$\dot{\varepsilon} = -\frac{\Delta\dot{U}}{\dot{U}_1} = -\frac{\dot{I}_1(R+jX)}{\dot{U}_1} \tag{2-16}$$

为了减小标准电压互感器的误差,需要减小铁芯的励磁电流 $\dot{I}_1$,双级标准电压互感器原理的提出正是基于该原理的,原理图如图 2-15 所示。图中,N_1 为励磁绕组,N_3 为二次侧仪表供电绕组,N_1 和 N_3 绕在第一级铁芯 C_1 上,组成第一级电压互感器,相当于传统单级电压互感器。N_2 和 N_4 为比例绕组,同时绕制在第一级铁芯 C_1 和第二级铁芯 C_2 上。N_2、N_4 及铁芯 C_2 组成第二级电压互感器,而 N_2、N_4 和铁芯 C_1、C_2 组成双级标准电压互感器。N_1 和 N_2 的匝数相等,即 $N_1=N_2$,一般情况下 $N_3=N_4$。

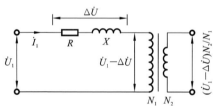

图 2-14 传统单级电压互感器原理图

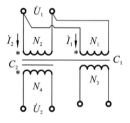

图 2-15 双级标准电压互感器原理图

对 N_1 绕组:

$$\dot{U}_1 = \dot{I}_1 R_1 + L_1\frac{d\dot{I}_1}{dt} + \dot{I}_1 R_{01} + L_{11}\frac{d\dot{I}_1}{dt} + L_{21}\frac{d\dot{I}_2}{dt} \tag{2-17}$$

对 N_2 绕组:

$$\dot{U}_1 = \dot{I}_2 R_2 + L_2\frac{d\dot{I}_2}{dt} + \dot{I}_2(R_{01}+R_{02}) + L'_{11}\frac{d\dot{I}_1}{dt} + L'_{21}\frac{d\dot{I}_2}{dt} + L_{22}\frac{d\dot{I}_2}{dt} \tag{2-18}$$

对 N_4 绕组,其匝数很少,可忽略绕组的内阻抗,且作为标准电压互感器,一般为空载,则:

$$\dot{U}_2 = L''_{11}\frac{d\dot{I}_1}{dt} + L''_{21}\frac{d\dot{I}_2}{dt} + L'_{22}\frac{d\dot{I}_2}{dt} \tag{2-19}$$

式(2-17)～式(2-19)中，R_1 为 N_1 线圈的电阻；L_1 为 N_1 线圈的漏电感；$\dot{I}_1R_{01}$ 为 N_1 线圈在第一级铁芯上的铁损；L_{11} 为 N_1 线圈在铁芯 C_1 中的磁通在自身线圈中所产生的电感；L_{21} 为 N_2 线圈在铁芯 C_1 中的磁通在线圈 N_1 中所产生的电感；R_2 为 N_2 线圈的电阻；L_2 为 N_2 线圈的漏电感；$\dot{I}_2R_{01}$ 为 N_2 线圈在第一级铁芯上的铁损；$\dot{I}_2R_{02}$ 为 N_2 线圈在第二级铁芯上的铁损；L'_{11} 为 N_1 线圈在铁芯 C_1 中的磁通在线圈 N_2 中所产生的电感；L'_{21} 为 N_2 线圈在铁芯 C_1 中的磁通在自身线圈中所产生的电感；L_{22} 为 N_2 线圈在铁芯 C_2 中的磁通在自身线圈中所产生的电感；L''_{11} 为 N_1 线圈在铁芯 C_1 中的磁通在线圈 N_4 中所产生的电感；L''_{21} 为 N_2 线圈在铁芯 C_1 中的磁通在线圈 N_4 中所产生的电感；L'_{22} 为 N_2 线圈在铁芯 C_2 中的磁通在线圈 N_4 中所产生的电感。

根据电感表达式：

$$L_{11}=\frac{N_1^2\mu_1 S_1}{l_1}, \quad L_{21}=\frac{N_1 N_2\mu_1 S_1}{l_1}, \quad L'_{11}=\frac{N_1 N_2\mu_1 S_1}{l_1}, \quad L'_{21}=\frac{N_2^2\mu_1 S_1}{l_1}$$

$$L_{22}=\frac{N_2^2\mu_2 S_2}{l_2}, \quad L''_{11}=\frac{N_1 N_4\mu_1 S_1}{l_1}, \quad L''_{21}=\frac{N_2 N_4\mu_1 S_1}{l_1}, \quad L'_{22}=\frac{N_2 N_4\mu_2 S_2}{l_2}$$

由于线圈 N_1 和线圈 N_2 的参数相同，所以 $L_{11}=L'_{11}=L_{21}=L'_{21}$。

采用向量法表述，将式(2-17)～式(2-19)可分别改写如下。

对 N_1 绕组：

$$\dot{U}_1=\dot{I}_1(R_1+\mathrm{j}\omega L_1)+\dot{I}_1(R_{01}+\mathrm{j}\omega L_{11})+\dot{I}_2(\mathrm{j}\omega L_{21})=\dot{I}_1 Z_1+\dot{I}_1 Z_{m1}+\dot{I}_2 Z_{m1}$$

$$(2-20)$$

式中，Z_1 为线圈 N_1 的内阻抗，Z_{m1} 为第一级互感器的励磁阻抗。

对 N_2 绕组：

$$\begin{aligned}\dot{U}_1&=\dot{I}_2(R_2+\mathrm{j}\omega L_2)+\dot{I}_2(R_{01}+\mathrm{j}\omega L'_{21})+\dot{I}_2(R_{02}+\mathrm{j}\omega L_{22})+\dot{I}_1(\mathrm{j}\omega L'_{11})\\&=\dot{I}_2 Z_2+\dot{I}_2 Z_{m1}+\dot{I}_2 Z_{m2}+\dot{I}_1 Z_{m1}\end{aligned}$$

$$(2-21)$$

式中，Z_2 为线圈 N_2 的内阻抗，Z_{m2} 为第二级互感器的励磁阻抗。

对 N_4 绕组：

$$\dot{U}_2=\dot{I}_1(\mathrm{j}\omega L_{14})+\dot{I}_2(\mathrm{j}\omega L_{241})+\dot{I}_2(\mathrm{j}\omega L_{242})$$

$$(2-22)$$

将式(2-22)折算至一次侧，则：

$$\dot{U}'_2=\dot{I}_1 Z_{m1}+\dot{I}_2 Z_{m1}+\dot{I}_2 Z_{m2}$$

$$(2-23)$$

根据式(2-20)～式(2-23)，双级标准电压互感器的等效电路如图 2-16 所示。

2.3.2　误差分析

当第一级为空载电压互感器时，有

$$\dot{U}_1=-\dot{E}_1+\dot{I}_1 Z_1$$

$$(2-24)$$

式中，$\dot{E}_1$ 为第一级互感器的一次感应电势，即绕组 N_1 和 N_2 在铁芯 C_1 上的感应电势，$\dot{I}_1$ 为第一级互感器的励磁电流，Z_1 为 N_1 的内阻抗。

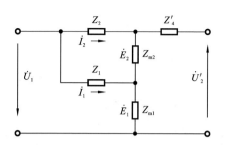

图 2-16　双级标准电压互感器等效电路

第一级互感器的磁性误差为

$$\dot{\varepsilon}_1 = -\frac{\dot{I}_1 Z_1}{\dot{U}_1} = -\frac{\dot{I}_1 Z_1}{-\dot{E}_1 + \dot{I}_1 Z_1} = -\frac{\dot{I}_1 Z_1}{(\dot{I}_1 + \dot{I}_2) Z_{m1} + \dot{I}_1 Z_1}$$

$$\approx -\frac{Z_1}{Z_1 + Z_{m1}} \approx -\frac{Z_1}{Z_{m1}} \tag{2-25}$$

式中,Z_{m1}为第一级互感器的励磁阻抗,且 $\dot{I}_1 \gg \dot{I}_2$,$Z_{m1} \gg Z_1$。

　　由于 N_2 同时绕制在铁芯 C_1 和 C_2 上,N_2 在铁芯 C_1 和 C_2 上产生的感应电动势分别为 $\dot{E}_1$ 和 $\dot{E}_2$,因此,当 N_4 也是空载时,有

$$\dot{U}_1 = -\dot{E}_1 - \dot{E}_2 + \dot{I}_2 Z_2 \tag{2-26}$$

式中,$\dot{I}_2$ 为第二级互感器的励磁电流,$\dot{E}_2$ 为第二级互感器的一次感应电势,Z_2 为 N_2 的内阻抗。

　　将式(2-24)和式(2-26)联立可得

$$\dot{I}_1 Z_1 = -\dot{E}_2 + \dot{I}_2 Z_2 \tag{2-27}$$

　　由式(2-27)可得,对于第二级互感器,其一次电压相当于第一级互感器的一次压降,因此第二级互感器的磁性误差为

$$\dot{\varepsilon}_2 = -\frac{\dot{I}_2 Z_2}{\dot{I}_1 Z_1} = -\frac{\dot{I}_2 Z_2}{-\dot{E}_2 + \dot{I}_2 Z_2} = -\frac{\dot{I}_2 Z_2}{\dot{I}_2 (Z_2 + Z_{m2})} = -\frac{Z_2}{Z_2 + Z_{m2}} \approx -\frac{Z_2}{Z_{m2}} \tag{2-28}$$

式中,Z_{m2} 为第二级互感器的励磁阻抗,且 $Z_{m2} \gg Z_2$。

　　联立式(2-25)和式(2-28)可得到双级标准电压互感器在空载条件下的误差表达式:

$$\dot{\varepsilon} = -\frac{\dot{I}_2 Z_2}{\dot{U}_1} = -\frac{\dot{I}_1 Z_1}{\dot{U}_1} \cdot \frac{\dot{I}_2 Z_2}{\dot{I}_1 Z_1} = -\dot{\varepsilon}_1 \cdot \dot{\varepsilon}_2 \approx -\frac{Z_1}{Z_{m1}} \cdot \frac{Z_2}{Z_{m2}} \tag{2-29}$$

　　从式(2-29)可以看出,双级标准电压互感器相当于将第一级互感器的空载压降加在第二级互感器的一次侧,使得第二级互感器的空载压降减小,而双级标准电压互感器的误差由第二级空载压降决定,为第一级和第二级磁性误差乘积的负值。如果第一级互感器的误差为 0.01% ～ 0.1%,第二级互感器的内阻抗与第一级互感器的相当,由于第二级铁芯的工作磁通密度低,磁导率低,其误差为 0.1% ～ 1%,那么双

级标准电压互感器的误差为 $10^{-7} \sim 10^{-5}$。

双级标准电压互感器的相量图如图 2-17 所示。先画出第一级互感器的相量图,$\dot{E}_1$ 为 X 正轴,铁芯 C_1 的磁通密度 $\dot{B}_1$ 超前 $\dot{E}_1$ 90°,$\dot{I}_1$ 比 $\dot{B}_1$ 超前 ψ_1,$\dot{I}_1 Z_1$ 比 $\dot{I}_1$ 超前 ϕ_1,ϕ_1 为 Z_1 的阻抗角。再画出第二级互感器的相量图,铁芯 C_2 的磁通密度 $\dot{B}_2$ 超前 $\dot{E}_2$ 90°,$\dot{I}_2$ 比 $\dot{B}_2$ 超前 ψ_2,最终误差 ε(即 $\dot{I}_2 Z_2$)比 $\dot{I}_2$ 超前 ϕ_2,ϕ_2 为 Z_2 的阻抗角。

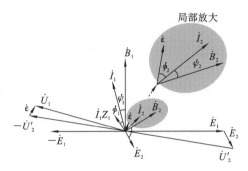

图 2-17　双级标准电压互感器的相量图

由相量图可以看出,双级标准电压互感器(简称双级互感器)的最终误差在第一象限,比值误差和相位误差均为正值。当比例绕组理想耦合时,最终误差由第二级铁芯的励磁电流在内阻抗上的压降决定。

根据式(2-29),双级互感器励磁误差为

$$\dot{\varepsilon} = -\frac{\dot{I}_2 Z_2}{\dot{U}_1} = -\frac{\dot{I}_2 (R_2 + jX_2)}{\dot{U}_1} \tag{2-30}$$

式(2-30)中的误差为矢量,根据图 2-17,可将之分解为同相分量(比值误差)和正交分量(相位误差)。

比值误差表示为

$$f_{\text{mag}} = -\frac{I_2 |Z_2| \cos(\phi_1 + \psi_1 + \phi_2 + \psi_2)}{U_1}$$

$$= -\frac{I_2 [R_2 \cos(\phi_1 + \psi_1 + \psi_2) - X_2 \sin(\phi_1 + \psi_1 + \psi_2)]}{U_1} \tag{2-31}$$

同理,相位误差表示为

$$\delta_{\text{mag}} = -\frac{I_2 |Z_2| \sin(\phi_1 + \psi_1 + \phi_2 + \psi_2)}{U_1}$$

$$= -\frac{I_2 [R_2 \sin(\phi_1 + \psi_1 + \psi_2) + X_2 \cos(\phi_1 + \psi_1 + \psi_2)]}{U_1} \tag{2-32}$$

式中,f_{mag} 和 δ_{mag} 分别为双级互感器的比值误差和相位误差,Z_2 为第二级互感器的内阻抗($Z_2 = R_2 + jX_2$),ϕ_1 为第一级互感器的阻抗角,ψ_1 和 ψ_2 分别为第一级、第二级铁芯的损耗角。

在高压条件下,受分布参数的影响,互感器的最终误差除包括由励磁电流引起的磁性误差外,还包括由分布电容引起的容性误差。对于高压电磁式互感器,容性误差分布较为复杂,为了准确计算容性误差,后文将建立容性误差模型并仿真计算。设容性误差引入的比值误差和相位误差分别为 f_{cap} 和 δ_{cap},则双级互感器的最终误差可表示如下。

比值误差为

$$f = f_{mag} + f_{cap} \tag{2-33}$$

相位误差为

$$\delta = \delta_{mag} + \delta_{cap} \tag{2-34}$$

2.3.3　10 kV 传统圆形铁芯包围结构

传统结构如图 2-18 所示,1 为第一级(互感器)铁芯 C_1,2 为第一级(互感器)绕组 N_1 和 N_3(一般情况,二次绕组 N_3 位于一次高压绕组 N_1 内部),3 为第二级铁芯 C_2,4 为第二级绕组 N_2 和 N_4(同样,二次绕组 N_4 位于一次高压绕组 N_2 内部)。绕组的绕制过程如下:首先在第一级铁芯 C_1 上绕制第一级绕组 N_1 和 N_3;然后放置第二级铁芯 C_2,第二级铁芯由 4 个铁芯组成,分内、外、上、下 4 部分,4 个铁芯将第一级铁芯 C_1 及绕组包围;最后将第二级绕组 N_4 和 N_2 绕制在第二级铁芯 C_2 的外圈。由于双级标准电压互感器第一级互感器的励磁电流较大,其产生的杂散磁通将在绕组上生成感应电动势,从而给互感器带来附加误差。该结构中,铁芯 C_2 将第一级互感器包围,因此,铁芯 C_2 可以同时起到磁场屏蔽的效果。

图 2-18　10 kV 双级标准电压互感器结构

目前国家高电压计量站研制并保存有一台 10 kV 双级标准电压互感器,其准确度等级为 0.001 级。10 kV 是目前双级标准电压互感器应用的最高电压等级,尽管长期以来进行了不断尝试,双级标准电压互感器在 10 kV 以上的电压等级仍未能取得突破。其主要存在以下两个方面的绝缘问题。

(1)第一级绕组的高压侧与第二级铁芯(需接地)紧邻,二者靠绝缘介质物理绝缘,受内部尺寸限制,绝缘介质的厚度受限,因此绝缘电压一般不超过 10 kV。

(2)第一级绕组位于第二级绕组的内部,第一级高压绕组引出线需穿过第二级绕组,易导致绝缘击穿,同样受绝缘制约,最高一般也不能超过 10 kV。

2.3.4　$110/\sqrt{3}$ kV 双高压绕组对称结构

为解决上述难题,设计了双高压绕组对称的高压双级电压互感器新型结构,如图 2-19 所示。图中,1 为第一级铁芯 C_1,2 为第一级绕组 N_1 和 N_3,3 为第二级铁芯 C_2,4 为第二级绕组 N_2 和 N_4,铁芯 C_1 和铁芯 C_2 均为接地电位。与低压双级标准电压互感器相比,该结构中,铁芯 C_2 位于铁芯 C_1 的下侧,不再包围铁芯 C_1,励磁绕组 N_1 和比例绕组 N_2 呈上下结构,在相邻处,绕组 N_1 和 N_2 为高压端且处于等电位,可以解决双级标准电压互感器电压等级难以提高的问题。该结构的特点是两级铁芯上下分离,励磁绕组和比例绕组处于上下对称结构,故称之为双高压绕组对称结构。

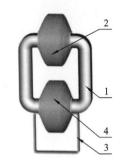

图 2-19　双高压绕组对称结构示意图

2.3.5　双级标准电压互感器铁芯参数计算

本书以 110 kV 电压等级为例进行说明。

1. 铁芯材料的选取

首先分析铁芯材料的选取,常用的互感器铁芯材料有硅钢片、坡莫合金、超微晶、铁氧体等,它们具有不同的性能特点。其中,硅钢片具有高磁通密度,坡莫合金具有高磁导率,超微晶的磁通密度和磁导率都能达到较高水平,但单项性能并不突出,铁氧体的优势是具有极好的频率特性。

第一级铁芯 C_1 的工作磁通密度 B 很高,一般采用硅钢片铁芯,饱和磁通密度可达 1.5 T 以上。第二级铁芯 C_2 的工作磁通密度很低,其工作在初始磁导率下,为了降低最终误差需要减少第二级互感器的励磁电流 I_2,从而需要铁芯具有极高的初始磁导率,可选用坡莫合金铁芯,其初始磁导率可高达 60000~100000(相对磁导率)。

2. 第一级互感器铁芯的参数计算

匝电势,即绕组的每匝感应电压,是互感器设计中的一个重要参数,一般指额定电压下的匝电势。匝电势的值会影响互感器的误差性能和制造成本,匝电势的选取需要考虑铁芯截面、误差性能及二次绕组匝数等多方面因素。

$$e_t = 4.44 f BS \times 10^{-4} \qquad (2\text{-}35)$$

式中,e_t 为匝电势,单位是 V/匝;f 为额定频率,单位是 Hz;B 为铁芯的磁通密度,单位是 T;S 为铁芯截面积,单位是 cm^2。

在磁通密度 B 一定的情况下,e_t 值过大,铁芯截面积会相应增大,硅钢片用量增多,励磁导纳增大,从而导致互感器的空载误差增加;而 e_t 值过小,则绕组额定匝数将增多,导线长度增加,阻抗压降增大,也会导致互感器误差增加。同时,e_t 的选取还应考虑使二次绕组尽量为整数匝。出于综合考虑,110 kV 双级标准电压互感器的绕组匝电势初步选为 1.8 V/匝,一次匝数 $N_1=N_3=35200$。

对于 110 kV 双级标准电压互感器,由于不需要考虑冲击过电压和短路过电流的影响,额定工作下磁通密度可以初步选为 $B_n=1.00$ T。根据初选的匝电势和额定磁密,利用下式即可初步计算出铁芯截面积:

$$S=\frac{e_t\times10^4}{4.44\times50\times B_n\times k} \tag{2-36}$$

式中,k 为铁芯叠片系数(铁芯有效截面积与实际截面积之比),其与铁芯片的厚度及绕制工艺有关。为了提高叠片系数 k,本文采用 R 型铁芯,其截面接近于圆面,由 B30P105 优质硅钢片卷制而成,叠片系数控制在 0.99 以上。把 $k=0.99$ 代入式(2-36),即可计算得到硅钢片铁芯截面积为

$$S=\frac{1.8\times10^4}{4.44\times50\times1\times0.99}=81.90\ (cm^2) \tag{2-37}$$

3. 第二级互感器铁芯的参数计算

如前文所述,第一级互感器的内阻抗压降(ΔU)为第二级互感器的一次绕组承受电压,第二级铁芯的工作磁通密度 B_2 与截面积 S_2 的乘积远小于第一级铁芯的。参照第一级硅钢片铁芯截面积的计算方法,且考虑到第一、二级铁芯处于同一个圆内(如图 2-20 所示),坡莫合金铁芯的截面积设计为 5.50 cm^2,平均磁路长度为 59.10 cm。

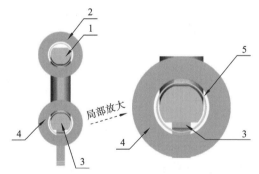

1—第一级铁芯 C_1;2—励磁绕组 N_1、N_3

3—第二级铁芯 C_2;4—比例绕组 N_2、N_4

5—环氧绝缘圆形骨架

图 2-20　剖面结构及局部放大

2.3.6　误差补偿方法

为了进一步提升电压互感器的准确度等级,可在电压互感器的二次侧进行误差补偿,即利用由小型互感器和 RLC 元件组成的补偿线路对电压互感器的二次侧加入补偿电压。在补偿前先测量出互感器误差,该误差即为需要的补偿量。采用这种补偿方法,可以对误差中的比值误差、相位误差或两者同时进行平移,从而提高电压互感器的准确度等级。而对于高压双级标准电压互感器,误差补偿显得尤为重要。传统的补偿方法较多,基本原理是在互感器二次侧串联小型互感器补偿比值误差,并联电容补偿相位误差。并联电容方法本身产生的相位误差为负值,因此,若互感器本体的相位误差为负值,该方法起不到补偿效果。

本书提出的微电势误差补偿方法,原理线路如图 2-21 所示。在第一级铁芯 C_1 上取两路 1 匝微电势,一路用于比值误差补偿,一路用于相位误差补偿。

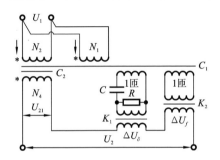

图 2-21　微电势误差补偿原理线路

1. 比值误差补偿

一路微电势通过小型互感器 K_2(变比为 K_2),小型互感器的二次侧输出 ΔU_f 用于比值误差补偿,ΔU_f 的幅值和相位均可根据需要灵活调节,一方面可通过调节 K_2 的一次或二次匝数来调节互感器变比 K_2,实现补偿量幅值的灵活可调;另一方面可通过改变小型互感器的一次、二次的同名端,使 K_2 的输出相位翻转 $180°$,实现补偿量正/负的切换。

2. 相位误差补偿

另一路微电势先通过 R-C 串联移相电路,再通过小型互感器 K_1(变比为 K_1),小型互感器的二次侧输出 ΔU_δ 用于相位误差补偿,同样,ΔU_δ 的幅值和相位也可根据需要灵活调节。比值误差补偿类似,可通过调节 K_2 的一次、二次匝数或者改变同名端来调节补偿量 ΔU_δ 的幅值和相位,与此同时,也可以通过改变电阻 R 和电容 C 的阻值、容值大小来调节补偿量 ΔU_δ 的幅值和相位。

由上述分析,该补偿电路可在互感器的二次侧进行灵活可调的误差补偿,该补偿原理的矢量图如图 2-22 所示。

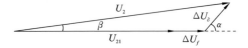

图 2-22 微电势误差补偿原理的矢量图

图 2-22 中，U_{21} 为比例绕组 N_4 的输出，以此作为参考方向并假定其幅值为单位 1，ΔU_f 为比值误差补偿量，ΔU_δ 为相位误差补偿量，三者矢量合成后的 U_2 为最终输出电压（即需要的高准确度电压值），α 为移相电路的移相角度，β 为最终的相位误差补偿量。根据相位图关系，可得

$$\alpha = \arctan\left(\frac{1}{\omega RC}\right) \tag{2-38}$$

$$\Delta U_f = U_{21} \times \frac{1}{N_4} \times \frac{1}{K_2} \tag{2-39}$$

$$\Delta U_\delta = U_{21} \times \frac{1}{N_4} \times \frac{1}{K_1} \times \cos\alpha \tag{2-40}$$

由矢量图可以看出，ΔU_δ 在进行正交分量补偿的同时，会引入同相分量的误差补偿。因此，最终比值误差补偿量实际上由两部分组成：比值误差补偿量本身和相位误差补偿时产生的同相分量。

最终比值误差补偿量 $\Delta\varepsilon_f$ 为

$$\Delta\varepsilon_f = \Delta U_f + \Delta U_\delta \times \cos\alpha = \left(\frac{1}{N_4} \times \frac{1}{K_2} + \frac{1}{N_4} \times \frac{1}{K_1} \times \cos\alpha \times \cos\alpha\right) \times U_{21} \tag{2-41}$$

最终相位误差补偿量 $\Delta\varepsilon_\delta$ 为

$$\Delta\varepsilon_\delta = \beta \approx \tan\beta \approx \frac{1}{N_4} \times \frac{1}{K_1} \times \cos\alpha \times \sin\alpha \tag{2-42}$$

首先取 $R = 100\ \Omega$，$C = 30\ \mu\text{F}$，通过式（2-38）可得 $\alpha = \pi/4$。代入式（2-41）和式（2-42）可得 $K_1 = 1673$，$K_2 = 2604$。补偿后的误差理论上为零，误差校准实测数据见表 2-3。

表 2-3 $110/\sqrt{3}$ kV 双级标准电压互感器误差结果

额定电压 $U_n/(\%)$	15	30	60	120	误差电压系数 $\Delta\gamma(15\%\sim120\%)$
比值误差/$(\mu\text{V/V})$	−3.4	−1.1	0	−1.1	4.5
相位误差/μrad	−4	−1.4	−0.4	−0.5	4.5

完成补偿设计后，研制得到的 $110/\sqrt{3}$ kV 双级标准电压互感器内部结构和整体外观如图 2-23 所示。

（a）内部结构　　　　　　　　（b）整体外观

图 2-23　$110/\sqrt{3}$ kV 双级标准电压互感器

2.4　串联式电压互感器

对于使用单个铁芯线包研制的标准电压互感器,随着电压等级的升高,线包的尺寸也会增大,1000 kV 单只线包的外径已经超过 1 m,过大的线包尺寸会使一、二次绕组的漏感变大,同时绕组直流电阻和分布电容也急剧增大,引起的附加误差也显著增大。为了解决 1000 kV 下的绝缘问题,单体式互感器的外形尺寸也会增加,其高度可以达到 10 m,重量超过 6 t,现场应用时便捷性较差。

为解决单体式电压互感器的绝缘设计和附加误差大的问题,提出了串联式电压互感器原理线路,如图 2-24 所示。两台或两台以上单级电压互感器串联且叠加放置。除最上面一台单级互感器只有一个铁芯外,其他互感器都有两个铁芯,其中一个铁芯用于制作单级电压互感器,另一个铁芯用于制作高压隔离互感器。高压隔离互感器的一次和二次分别与串联的两台单级电压互感器的二次绕组连接,它们之间要承受一台单级电压互感器的一次电压。各台单级电压互

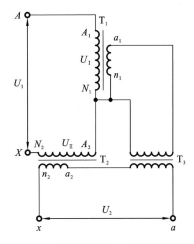

图 2-24　串联式电压互感器原理线路

感器的二次电压通过高压隔离互感器与上面各台互感器的二次电压相加,最终电压从最下面一台互感器输出。此外,由两台或多台互感器串联叠加组成的串联式电压互感器,一方面可使每台单级电压互感器都能独立可靠工作,另一方面,可使一次电压被串联的各台单级电压互感器分担,这降低了绝缘设计和制造的难度。

下面以两台单级电压互感器串联为例介绍串联式电压互感器的原理。上级电压互感器 T_1 的一次绕组 A_1N_1 与下级电压互感器 T_2 的一次绕组 A_2N_2 串联,组成串联式互感器的一次绕组,记为 AX,上级的二次绕组 a_1n_1 通过高压隔离互感器 T_3 与下级的二次绕组 a_2n_2 串联,组成串联式互感器的二次绕组,记为 ax。设 T_1、T_2、T_3 的额定变比分别为 K_1、K_2、K_3;上级和下级电压互感器的一次电压分别为 U_I 和 U_{II};串联式电压互感器的一次电压为 U_1、二次电压为 U_2、额定变比为 K,则

$$K = \frac{U_1}{U_2} = \frac{U_I + U_{II}}{\frac{U_I}{K_1} \cdot \frac{1}{K_3} + \frac{U_{II}}{K_2}} \tag{2-43}$$

取 $K_3 = K_2/K_1$,代入式(2-43)得 $K = K_2$。

2.4.1 串联式电压互感器数学建模及误差分析

1. 串联式电压互感器的数学建模

为了分析串联式电压互感器的性能,以由两台单级电压互感器串联叠加组成的串联式电压互感器为例,建立数学模型。串联式电压互感器的数学模型主要由三部分构成:上级电压互感器(简称上级 TV)、下级电压互感器(简称下级 TV)及高压隔离互感器(简称 HVIT)。先作如下定义:U_I、U_{II} 分别为上、下级 TV 的一次电压,U 为串联式电压互感器的一次电压。Z_{A1}、Z_{A2} 和 Z_{mA} 分别为上级 TV 的一次阻抗、二次阻抗和励磁阻抗;Z_{B1}、Z_{B2} 和 Z_{mB} 分别为下级 TV 的一次阻抗、二次阻抗和励磁阻抗;Z_{C1}、Z_{C2} 和 Z_{mC} 分别为 HVIT 的一次阻抗、二次阻抗和励磁阻抗;Z'_{C1}、Z'_{mC} 分别为 Z_{C1} 和 Z_{mC} 折算到上级 TV 一次侧的阻抗,折算关系为 $Z'_{C1} = K_2^2 Z_{C1}$、$Z'_{mC} = K_2^2 Z_{mC}$;Z'_{A2}、Z'_{B2}、Z'_{C2} 分别为二次阻抗 Z_{A2}、Z_{B2}、Z_{C2} 折算到一次侧的阻抗,折算关系为 $Z'_{A2} = K_1^2 Z_{A2}$、$Z'_{B2} = K_2^2 Z_{B2}$、$Z'_{C2} = K_3^2 Z_{C2}$。

根据互感器的 T 型等效模型,可以得到上级 TV 和下级 TV 的等值电路,分别如图 2-25 和图 2-26 所示。

HVIT 的一次绕组与二次绕组间要隔离高电压,其需要有完善的屏蔽电极,其结构如图 2-27 所示,图中,W_1 为高压侧绕组,W_2 为低压侧绕组。与普通互感器一、二次绕组尾端等电位不同,HVIT 的高、低压绕组 W_1、W_2 的尾端电位差为 U_{II}。因此,T 型模型不能对 HVIT 的数学特性进行准确的描述。本书引入受控源的概念塔建 HVIT 的等值电路,如图 2-28 所示。E_1 为铁芯主磁通 Φ_0 在 HVIT 的一次绕组中产生的感应电势。E_1/K_3 为 HVIT 的二次绕组中的耦合磁通产生的感应电势,在等值

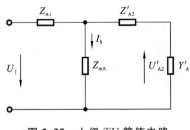

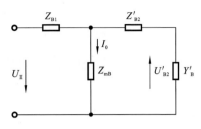

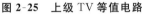

图 2-25　上级 TV 等值电路　　　　　　图 2-26　下级 TV 等值电路

电路中等效为受控电压源,折算后用 E'_1 表示。C_p 为高压屏蔽电极与低压屏蔽电极和外壳间的等效电容。

　　为了分析串联式电压互感器的误差特性,有必要建立其整体数学模型。根据原理线路,把上、下级 TV 及 HVIT 的等值电路组合起来,建立串联式电压互感器的等值电路,如图 2-29 所示。其中,C_A 为上级 TV 的结构电容,即高电位体与低电位体间的等效电容;C_B 为下级 TV 的结构电容。

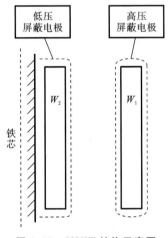

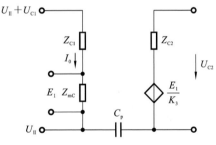

图 2-27　HVIT 结构示意图　　　　　　图 2-28　HVIT 等值电路

2. 串联式电压互感器的误差分析

　　设上级 TV 的误差为 ε_A,下级 TV 的误差为 ε_B,HVIT 的误差为 ε_C,串联式互感器的误差为 ε。HVIT 的励磁绕组作为上级 TV 的负载。则由互感器空载误差计算公式有

$$\varepsilon_A = -\frac{Z_{A1}}{Z_{mA}} - (Z_{A1} + Z'_{A2})Y'_A = -\frac{Z_{A1}}{Z_{mA}} - \frac{Z_{A1} + Z'_{A2}}{Z'_{C1} + Z'_{mC}} \tag{2-44}$$

$$\varepsilon_B = -\frac{Z_{B1}}{Z_{mB}} \tag{2-45}$$

$$\varepsilon_C = -\frac{Z_{C1}}{Z_{mC}} \tag{2-46}$$

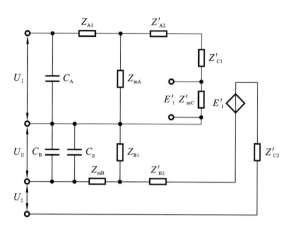

图 2-29 串联式电压互感器等值电路

由误差定义有

$$\varepsilon = \frac{U_2 - (U_I + U_{II})/K}{(U_I + U_{II})/K} \tag{2-47}$$

$$U_2 = \frac{U_I(1+\varepsilon_A)}{K_1} \cdot \frac{(1+\varepsilon_C)}{K_3} + \frac{U_{II}(1+\varepsilon_B)}{K_2} \tag{2-48}$$

记 $U_{II} = mU_I$，$U_I = U_I + U_{II}$，m 为上、下级一次电压分压系数（也称分压比系数、分压比）。把式(2-48)代入式(2-47)整理得到

$$\varepsilon = (1-m)(\varepsilon_A + \varepsilon_C + \varepsilon_A\varepsilon_C) + m\varepsilon_B \tag{2-49}$$

由式(2-49)可知，STV（串联式电压互感器）的误差 ε 由上、下级 TV 的误差 ε_A、ε_B 和分压系数 m 及 HVIT 的误差 ε_C 组成。若记 $\varepsilon_{AC} = \varepsilon_A + \varepsilon_C + \varepsilon_A\varepsilon_C$，表示上级 TV 与 HVIT 级联后的综合误差，则式(2-49)变为

$$\varepsilon = (1-m)\varepsilon_{AC} + m\varepsilon_B \tag{2-50}$$

目前 500 kV 及以下电压等级的单级标准 TV 的准确度可以达到 0.01 级，因此 SSTV（串联式标准电压互感器）的整体误差主要取决于 HVIT 的误差。下面对 HVIT 的误差特性进行分析。

把式(2-46)写成复数形式有：

$$\varepsilon_C = -Z_{C1}/Z_{mC} = -[\cos(90° - \psi) + j\sin(90° - \psi)](R_{C1} + jX_{C1})/|Z_{mC}|$$
$$= -(R_{C1}\sin\psi - X_{C1}\cos\psi)/|Z_{mC}| - (X_{C1}\sin\psi + R_{C1}\cos\psi)/|Z_{mC}| \tag{2-51}$$

式中，$|Z_{mC}|$ 是励磁阻抗 Z_{mC} 的模，ψ 为铁芯的损耗角。R_{C1} 为 Z_{C1} 的电阻分量，取决于一次绕组直流电阻，X_{C1} 为 Z_{C1} 的电抗分量，取决于一次绕组漏电抗。

考虑到 ψ 是相对常量，而 HVIT 的一次绕组额定电压只有几十伏，匝数较少，可以通过选择合适的线径来控制 R_{C1} 的大小。Z_{mC} 主要取决于铁芯的材质和尺寸，可以通过选择磁导率高的铁芯来减小 Z_{mC}，但不可能无限减小。因此，一次绕组的漏电抗 X_{C1} 是影响 ε_C 的主要因素。与普通互感器相比，HVIT 中一、二次绕组间的绝缘距离过大,从而导致一次绕组的漏电抗 X_{C1} 过大,影响 HVIT 的误差性能。为了减小误差,本书采用串联电容的方法补偿 HVIT 的一次绕组漏电抗。其原理电路和等值电路分别如图 2-30 和 2-31 所示。

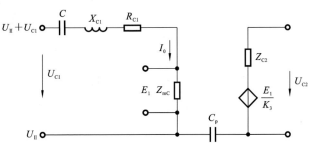

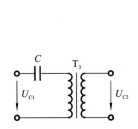

图 2-30　漏电抗补偿原理电路　　　　　图 2-31　漏电抗补偿等值电路

在 HVIT 的一次绕组上串联一个电容 C,与漏电感形成串联谐振,用于补偿一次绕组的漏电抗。由谐振原理知,当 $C=1/\omega X_{C1}$ 时,漏电抗 X_{C1} 被完全补偿。此时,由式(2-46)推出补偿后 HVIT 的误差为

$$\varepsilon'_C = -[Z_{C1}+1/(j\omega C)]/Z_{mC} = -[R_{C1}+jX_{C1}+1/(j\omega C)]/Z_{mC}$$
$$= -R_{C1}/[\,|\,Z_{mC}\,|\,(\sin\psi+j\cos\psi)] \tag{2-52}$$

这样,通过串联电容补偿后,HVIT 的误差特性可以得到明显的优化。

2.4.2　上下级分压比控制

为了充分发挥 STV 在降低电压互感器绝缘设计难度方面的优势,尽可能使上、下级分得相同的电压,令 $U_I \approx U_{II}$。

在 SSTV 的等值电路中,结合实际参数考虑,有: $Z'_{mC} \gg Z_{mA} \gg Z_{A1}$,$Z_{mB} \gg Z_{B1}$,因此可以忽略 Z_{A1}、Z'_{A2}、Z'_{C1}、Z'_{mC}、Z'_{B2}、Z'_{C2} 对上、下级分压比的影响。上、下级的电压分布电路可以近似等效为图 2-32。

$$\frac{U_I}{U_{II}} = \frac{Z_{mA}}{j\omega C_A Z_{mA}+1} \Big/ \frac{Z_{mB}}{j\omega(C_B+C_p)Z_{mB}+1} \tag{2-53}$$

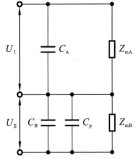

考虑到上、下级标准 TV 的结构和工艺的对称性,可以认为 $Z_{mA} \approx Z_{mB}$,$C_A \approx C_B$。要使 $U_I \approx U_{II}$,可以在上级标准 TV 的上、下均压环间并联高压电容,其电容量记为 ΔC,当 $\Delta C=C_p$ 时即可满足要求,此时 $m \approx 0.5$,STV 上、下级各分担二分之一的电压。

图 2-32　电压分布等效电路

2.4.3　1000 kV 串联式标准电压互感器

1000 kV SSTV 作为高电压标准器具,其最重要的技术指标是绝缘性能和误差性能。从上文对串联式电压互感器的理论分析可知,与单级互感器相比,串联式互感

器可以降低单台互感器的绝缘要求及制造难度。对于 1000 kV 串联式标准电压互感器来说,当选用两级串联结构时,单节互感器的额定电压为 $500/\sqrt{3}$ kV,当选用三级串联结构时,单节互感器的额定电压为 $1000/(3\sqrt{3})$ kV。级数越多,对单节互感器的绝缘要求就越低,但整体结构就会越复杂,而误差的影响因素也越多,系统越难控制。综合考虑,选择两级串联结构比较合适。这样,1000 kV SSTV 由两台 500 kV 单级标准电压互感器串联叠加组成,实现了一次电压串联,再通过设计一个额定电压为 $500/\sqrt{3}$ kV 的高压隔离互感器实现二次电压串联。1000 kV SSTV 的结构示意图如图 2-33 所示,其误差由上、下级标准电压互感器的误差和分压系数,以及 HVIT 的误差按式(2-49)组合而成。只要能把各组成部分的误差严格控制在允许范围内,就可以满足 1000 kV SSTV 的准确度要求。

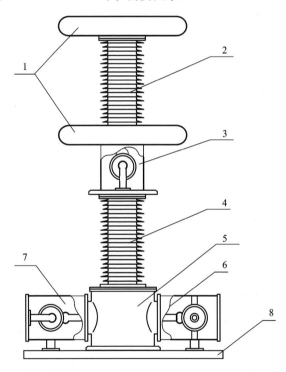

图 2-33　1000kV SSTV 结构示意图

1—均压环;2—上级绝缘子;3—上级标准 TV 器身;4—下级绝缘子;
5—三通壳体;6—高压隔离互感器;7—下级标准 TV 器身;8—底座

2.4.4　高压隔离互感器设计

1. 绝缘结构设计

通过以上对串联式电压互感器的理论分析可知,用以实现上、下级电压互感器二次电压串联的高压隔离互感器的一次绕组和二次绕组之间要承受高电压。对于 1000 kV SSTV 来说，HVIT 的额定隔离电压为 $500/\sqrt{3}$ kV。与 500 kV 标准电压互感器一样，也采用 SF_6 气体绝缘。同样，为了获得较好的绝缘性能，一次绕组与二次绕组的屏蔽电极设计成同轴或近似同轴结构，使空间电场分布尽可能均匀化，其中，一次绕组处于高电位，又称高压绕组，二次绕组处于低电位，又称低压绕组。

图 2-34 所示的为 HVIT 屏蔽电极、绕组、铁芯部位的 1/2 结构图。图中，R_1、R_2、R_3 分别为高压绕组屏蔽电极、低压绕组屏蔽电极和铁芯屏蔽电极的侧面圆弧半径；D_1、D_2 分别为高压绕组和低压绕组的直径；r_1、r_2 分别为低压绕组屏蔽电极和高压绕组屏蔽电极的内侧半径；h 为高压绕组和低压绕组的轴向长度；g_1、g_2 分别为高压绕组屏蔽电极侧面和上面与铁芯屏蔽电极之间的距离。该结构中，高压绕组屏蔽电极与低压绕组屏蔽电极及铁芯屏蔽电极之间构成近似同轴圆柱形电场。电场分布的均匀化程度依赖于电极表面的光洁度、各部件的尺寸和距离分配，而在加工工艺满足要求（表面粗糙度优于 Ra＝6.4 μm）的前提下，主要取决于后者。受外壳及铁芯结构的约束，图 2-34 中标注的尺寸不可能无限大，而且尺寸之间相互关联，因此想要获得尽可能均匀的电场分布，就需要对各尺寸进行合理设计。后文第 4 章将会对该部位的电场强度进行仿真计算，从而达到优化设计的目的。

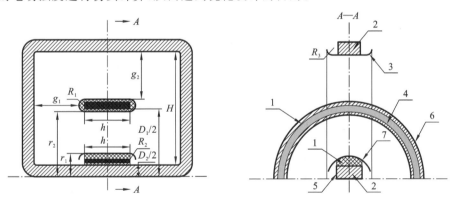

图 2-34　HVIT 屏蔽电极、绕组、铁芯部位的 1/2 结构图

1—绕组绝缘；2—铁芯；3—铁芯屏蔽电极；4—高压绕组；
5—低压绕组；6—高压绕组屏蔽电极；7—低压绕组屏蔽电极

2. 绕组设计

1000 kV SSTV 中的 HVIT 需要满足的设计要求如表 2-4 所示。

表 2-4　设计要求

一次额定电压/U_{1n}	$50/\sqrt{3}$ V	额定频率	50 Hz
二次额定电压/U_{2n}	$50/\sqrt{3}$ V	额定负荷	0.5 V·A
短时工频耐压/U_g	370 kV（1 min）	准确度级别	0.02 级

由误差计算公式(2-6)推导可知,$\varepsilon_k = -Y_m Z_1$,即互感器空载误差与励磁导纳成正比。在相同的工作磁密下,减小励磁导纳就可以减小空载误差。由于在相同工作条件下,励磁导纳与铁芯材料的磁导率成反比,因此,选择磁导率高的铁芯材料有助于减小互感器的空载误差。但由于磁导率高的铁芯材料(如铁镍合金、微晶合金等)的饱和磁密(即铁芯开始饱和时的工作磁通密度)较低,而且价格比冷轧硅钢片要高很多,因此,对于一次电压较高的普通互感器来说不可取。而对于 HVIT,一次绕组虽然电位很高,但电压很低(额定电压为 $50/\sqrt{3}$ V),正好适合采用磁导率高的铁芯材料。与微晶合金相比,铁镍合金虽然磁导率稍低但性能更加稳定,因此本书选择铁镍合金(牌号为 1J85)作为 HVIT 的铁芯材料,其 B-H 曲线和 ψ-H 曲线如图 2-35 所示。

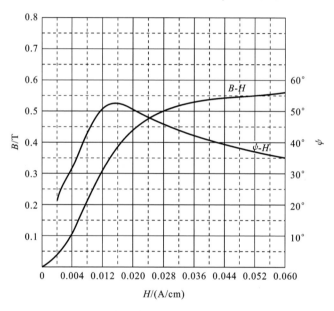

图 2-35 铁镍合金 1J85 的 B-H、ψ-H 曲线

采用与前述相同的方法,设计出铁芯的各个参数,见表 2-5,铁芯的尺寸设计图如图 2-36 所示。

表 2-5 铁芯参数设计表

匝电势/V	0.09	铁芯截面积/cm²	16	一次绕组匝数	320
额定磁密/T	0.288	铁芯叠片系数	0.88	二次绕组匝数	320

考虑到 HVIT 绕组感应电势低,匝数少,绕组总体采用图 2-37(a)所示的层式结构,绝缘层采用图 2-37(b)所示的 Z 形层绝缘绕制法,采用点胶聚酯薄膜进行层间绝缘。一次绕组选用 Φ1.8QZ-2 高强度漆包线,分 7 层绕制,二次绕组选用 Φ1.0QZ-2

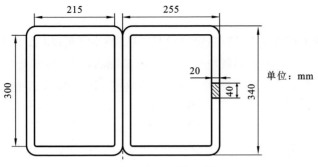

图 2-36　铁芯尺寸设计图

高强度漆包线,分 4 层绕制。根据公式对绕组参数进行计算,计算结果见表 2-6。

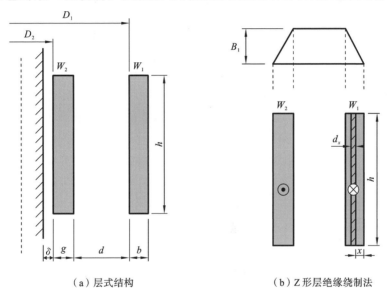

（a）层式结构　　　　　　　　　　　（b）Z 形层绝缘绕制法

图 2-37　HVIT 的绕组结构

表 2-6　绕组参数设计表

项　　目	一 次 绕 组	二 次 绕 组
导线绝缘直径/mm	1.97	1.14
总匝数	320	320
绕组层数	7	4
轴向涨包系数	1.1	1.15
轴向长度/mm	105	105
径向涨包系数	1.13	1.15
径向高度/mm	16	5.52

3. 误差计算

虽然 HVIT 的一次绕组工作在高电位,但由于一次绕组处于完善的屏蔽电极中,不会对外壳或二次绕组等低电位体产生泄漏,从而理论上不会对误差造成影响,因此,仍然可以根据互感器 T 型等效电路在低电位下计算 HVIT 的误差。

（1）一次内阻抗计算。

根据公式可以计算出 HVIT 一次绕组的内阻抗为 $r_{C1} = 2.3\ \Omega$。

（2）一次漏感抗计算。

HVIT 要实现上、下级二次绕组的电位隔离,HVIT 的一次绕组 W_1 和二次绕组 W_2 间要承受高电压,因此必须保证足够的绝缘距离,其结构如图 2-37(a)所示。W_1 和 W_2 的高度都为 h,绕在同一个铁芯柱上,两者间隙为 d,W_2 靠近铁芯,厚度为 g,其内径为 D_2,距铁芯表面 δ,W_1 在 W_2 的外侧,匝数为 N,厚度为 b,其内径为 D_1。

一次绕组的漏感抗大小可以通过绕组的电气结构和几何尺寸计算。根据理想变压器的模型,一次漏电抗等于在二次短路情况下一次电流和二次电流在空间产生的磁场在一次绕组感应产生的电势除以一次电流后得到的阻抗值。在短路条件下铁芯中磁场为零,磁场只存在于铁芯外的空间,可根据一、二次绕组产生的磁势计算空间的磁场分布。为便于计算,可运用叠加定理,把磁势等效为纵向分布与横向分布两种典型的形态叠加。由于一次线圈和二次线圈轴向尺寸相等,横向分布的磁势对一次漏电抗的影响可以忽略不计。作为近似计算,公式推导时首先把所有绕组都看作理想的无限长螺线管,绕组内电流连续分布且均匀,计算出结果后再根据绕组实际结构乘上修正系数。

图 2-37(b)中有磁势纵向分布的情况。在距一次绕组外圆面 x 处截取直径为 d_x 的薄圆筒,薄圆筒内磁通密度为

$$B_x = \mu_0 H_x = \mu_0 INx/(bh) \tag{2-54}$$

该薄圆筒内磁通环链的磁链为

$$\begin{aligned} \mathrm{d}\psi_x &= B_x S_x N_x = [\mu_0 INx/(bh)]\pi(D_1 + 2b - 2x)(Nx/b)d_x \\ &= [\pi\mu_0 IN^2/(b^2 h)](D_1 x^2 + 2bx^2 - 2x^3)d_x \end{aligned} \tag{2-55}$$

流经一次绕组的磁通交链的磁链为

$$\psi_1 = \int_0^b \mathrm{d}\psi_x = [\pi\mu_0 IN^2 b/(3h)](D_1 + b/2) \tag{2-56}$$

流经一、二次绕组间绝缘间隙的磁通交链的磁链为

$$\psi_c = B_1 S_c N = \pi\mu_0 IN^2 c D_0/h \tag{2-57}$$

式中,$D_0 = (D_1 + D_2)/2$,流经二次绕组的磁通交链的磁链 ψ_2 和总漏磁链 ψ 为

$$\psi_2 = \int_0^g \frac{\mu_0 IN^2 x}{hg}\pi(D_2 + 2x)d_x = \left[\pi\mu_0 IN^2 g/(6h)\right](3D_2 + 4g) \tag{2-58}$$

$$\psi = \psi_1 + \psi_c + \psi_2 = (\pi\mu_0 IN^2/h)(bD_1/3 + b^2/6 + cD_0 + gD_2/2 + 2g^2/3) \tag{2-59}$$

一次绕组漏电抗为

$$X_1 = \omega L_1 = \omega\psi/I = (\omega\pi\mu_0 N^2/h)(bD_1/3 + b^2/6 + cD_0 + gD_2/2 + 2g^2/3) \tag{2-60}$$

由于实际绕组并非无限长螺线管，因此还要考虑纵向漏磁通产生的漏电抗，为此引入纵向洛氏系数 K_R 作为修正系数，即

$$K_R = 1 - \lambda(1 - e^{-\pi/\lambda})/(\pi h) \tag{2-61}$$

式中，一、二次绕组总体厚度 $\lambda = g + b + c$。

根据前文设计的铁芯尺寸和绕组尺寸，可以初步确定各参数值为：$D_1 = 0.22$ m，$D_2 = 0.025$ m，$g = 0.006$ m，$d = 0.094$ m，$b = 0.016$ m，$h = 0.11$ m，$N = 320$，系数 $\mu_0 = 4\pi\times10^{-7} = 1.26\times10^{-6}$。可计算得到 $X_{C1} = 16.6$ Ω。

（3）空载误差计算。

以 $U_1/U_{1n} = 100\%$ 为例，计算该点的空载误差。

结合 1J85 卷绕铁芯的 B-H 和 ψ-H 曲线（见图 2-35）可得

$$I_{0C} = \frac{Hl_p}{N_1} = \frac{0.011\times110}{320} = 0.00378 \text{ (A)} \tag{2-62}$$

$$f_K = -\frac{I_0(r_1\sin\psi + x_1\cos\psi)}{U_1}\times100\% = -0.2074\% \tag{2-63}$$

$$\delta_K = \frac{I_0(r_1\cos\psi - x_1\sin\psi)}{U_1}\times3438' = -2.47' \tag{2-64}$$

用相同的方法计算其他各电压点空载误差及负荷误差，计算值见表 2-7。

表 2-7　HVIT 补偿前误差计算表

$U_1/U_{1n}(\%)$		20	50	80	100	120
$\dfrac{50/\sqrt{3}}{50/\sqrt{3}}$	$f(\%)$	−0.306	−0.266	−0.225	−0.207	−0.212
	$\delta(')$	−3.15	−2.68	−2.41	−2.47	−2.51
	$f(\%)$	−0.316	−0.278	−0.237	−0.219	−0.213
	$\delta(')$	−3.24	−2.87	−2.68	−2.72	−2.79

从计算结果可以看出，HVIT 的误差过大，而且误差的线性较差，主要原因是 HVIT 中一、二次绕组间的绝缘距离过大，导致一次绕组的漏电抗 X_{C1} 过大，从而影响了 HVIT 的误差性能。

（4）误差补偿设计。

对于表 2-7 中的计算误差，若采用第 2.3.6 节中的补偿方法，则只能对误差进行

平移,不能改变误差的线性。为了优化 HVIT 的误差性能,采用第 2.4.1 节中提出的方法,在 HVIT 的一次绕组上串联一个电容 C(见图 2-30、图 2-31),补偿一次绕组的漏电抗,从而对 HVIT 进行误差补偿。

令 $C = 1/\omega X_{C1}$,计算得到 $C = 191.1~\mu F$。补偿后再次对 HVIT 各电压点的误差进行计算,计算结果如表 2-8 所示。

表 2-8 HVIT 补偿后误差计算表

$U_1/U_{1n}(\%)$		20	50	80	100	120
$\frac{50/\sqrt{3}}{50/\sqrt{3}}$	$f(\%)$	-0.017	-0.014	-0.013	-0.013	-0.012
	$\delta(')$	1.025	1.012	0.910	0.922	0.931
	$f(\%)$	-0.019	-0.016	-0.016	-0.016	-0.015
	$\delta(')$	1.124	1.113	1.011	1.024	1.030

与表 2-7 中的计算结果相比,HVIT 补偿后的误差有了很大的改善。与 500 kV 标准电压互感器误差计算相似,由于计算采用的 B-H 和 ψ-H 曲线与实际曲线有差异,计算误差与实际误差会有一定偏差,因此,实际的误差补偿量应按照测量结果来确定。

2.4.5 串联式电压互感器的误差稳定性

误差稳定性表征的是时间和周围环境的变化对误差性能的影响。STV 属于电磁式电压互感器,而对于电磁式电压互感器来说,在不发生绝缘老化或绝缘击穿的情况下,误差性能的长期稳定性是很好的,年变化量一般不超过 5×10^{-5}。本书主要研究周围环境(主要包括温湿度、海拔高度及临近效应)的变化对 STV 误差性能的影响,其中,温湿度和海拔高度主要对互感器的外绝缘产生影响,因此,STV 的误差稳定性研究的重点是对其临近效应的研究。所谓临近效应,是指互感器在与周围物体及大地临近时产生的分布参数对其自身性能的影响。在介绍临近效应对串联式电压互感器的影响前,本节先引入了临近效应对串级式电压互感器的影响。

1. 临近效应对串级式电压互感器的影响

串级式电压互感器的器身(壳体)处于高电位,壳体与高压引线、大地及周边物体之间存在分布电容,产生的容性泄漏电流将改变原来等效回路励磁阻抗中的励磁电流 I_0,对电压互感器的误差产生影响。考虑分布电容影响的串级式电压互感器原理线路和等效电路分别如图 2-38 和图 2-39 所示,图中,C_{d1} 为高压引线及周围高压物体对高电位壳体分布电容的等效电容,C_{d2} 为高电位壳体对地及周围(低压)物体分布电容的等效电容。高压引线对地及周边物体的分布电容的泄漏电流直接从电源级流入大地,对互感器性能不产生影响,因而图中没有标明。Z_{11}、Z_{12} 分别为上、下级一次绕组内阻抗;Z_{m1}、Z_{m2} 分别为上、下级一次绕组励磁阻抗;Z_2' 为二次阻抗 Z_2 折算至一次侧的阻抗值。

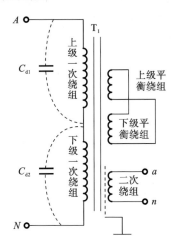

图 2-38　考虑分布电容影响的串级式
电压互感器原理线路

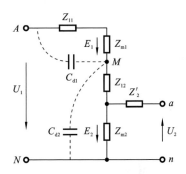

图 2-39　考虑分布电容影响的串级式
电压互感器等效电路

在不考虑分布电容影响时,串级式电压互感器的空载误差为 ε_k,壳体电位(M 点电位)为 $U_M = mU_1$,m 为串级式电压互感器上、下级一次绕组的分压系数,此时 $m =$ 1/2。设串级式电压互感器的额定变比为 k_n,则下级互感器的额定变比为 $\dfrac{1}{2}k_n$,则由互感器误差定义有

$$\frac{k_n U_2 - U_1}{U_1} = \varepsilon_k \tag{2-65}$$

式中,ε_k 为串级式电压互感器的空载误差;U_1 为串级式电压互感器的一次电压;U_2 为串级式电压互感器的二次电压。

从而有

$$U_2 = (\varepsilon_k + 1)\frac{U_1}{k_n} \tag{2-66}$$

受到分布电容的影响后,M 点的电位变为 U_M',$U_M' = m'U_1$,由于 $Z_{11} \ll Z_{m1}$,$Z_{12} \ll Z_{m2}$,因此有

$$m' = \frac{U_M'}{U_1} = \frac{\dfrac{Z_{m2}}{j\omega C_{d2} Z_{m2} + 1}}{\dfrac{Z_{m1}}{j\omega C_{d1} Z_{m1} + 1} + \dfrac{Z_{m2}}{j\omega C_{d2} Z_{m2} + 1}} \tag{2-67}$$

上、下级一次绕组用相同的工艺对称绕制,保证在空载情况下满足 $Z_{m1} \approx Z_{m2}$。

而且即便是存在负载，由于平衡绕组的存在，也可通过平衡整个磁路的磁通保持 Z_{m1} 与 Z_{m2} 的相对平衡。令 $Z_{m1}=Z_{m2}=Z_m$，则式（2-67）变为

$$m'=\frac{j\omega C_{d1}Z_m+1}{j\omega(C_{d1}+C_{d2})Z_m+2} \tag{2-68}$$

$$\Delta m=m'-m=\frac{j\omega C_{d1}Z_m+1}{j\omega(C_{d1}+C_{d2})Z_m+2}-\frac{1}{2}$$

$$=\frac{j\omega(C_{d1}-C_{d2})Z_m}{2(j\omega(C_{d1}+C_{d2})Z_m+2)} \tag{2-69}$$

由于下级一次绕组上并联有分布电容 C_{d2}，等效为下级励磁阻抗并联一只电容，可推导知，C_{d2} 对下级互感器的误差影响量为 $\Delta_1=-Z_{12}j\omega C_{d2}$，此时有

$$U'_2=(\varepsilon_k+\Delta_1+1)\frac{U_1}{k_n}+\frac{\Delta m U_1}{k_n}(\varepsilon_k+\Delta_1+1)$$

$$=(\varepsilon_k+\Delta_1+1)\frac{U_1}{k_n}(\Delta m+1) \tag{2-70}$$

由互感器误差的定义，受分布电容影响的串级式电压互感器空载误差为

$$\varepsilon'_k=\frac{k_n U'_2-U_1}{U_1} \tag{2-71}$$

把式（2-70）代入式（2-71）得

$$\varepsilon'_k=\frac{(\varepsilon_k+\Delta_1+1)U_1(\Delta m+1)-U_1}{U_1}=(\varepsilon_k+\Delta_1+1)(\Delta m+1)-1$$

$$=(\varepsilon_k+\Delta_1)(\Delta m+1)+\Delta m \tag{2-72}$$

$$\Delta\varepsilon_k=\varepsilon'_k-\varepsilon_k=(\varepsilon_k+\Delta_1)(\Delta m+1)+\Delta m-\varepsilon_k$$

$$=\Delta m(\varepsilon_k+\Delta_1+1)+\Delta_1 \tag{2-73}$$

式（2-73）中忽略高阶小量 $\Delta m(\varepsilon_k+\Delta_1)$ 后整理得到

$$\Delta\varepsilon_k=\Delta m+\Delta_1 \tag{2-74}$$

由上式可知，忽略高阶小量后，分布电容对串级式电压互感器误差的影响主要由两部分构成，一部分是高电位壳体对地及周边（低压）物体分布电容的等效电容 C_{d2} 对下级互感器误差的影响量 Δ_1，由前文的分析可知，Δ_1 只影响互感器的相位差，而且影响量非常小；另一部分是分布电容对串级式电压互感器上、下级一次绕组分压系数的影响量 Δm，而这正是分布电容对串级式电压互感器误差的主要影响量。若临近效应产生的分布电容对串级式电压互感器的上、下级一次绕组的分压系数影响量为 0.1%，则根据式（2-74）可知，临近效应对串级式电压互感器误差的影响量近似为 0.1%。

2. 临近效应对串联式电压互感器的影响

对于串联式电压互感器，同样的，电压互感器的器身（壳体）处于高电位，壳体与

高压引线、大地及周边物体之间存在分布电容,产生的容性泄漏电流也会改变原来等效回路励磁阻抗中的励磁电流 I_0,而对电压互感器的误差产生影响。考虑分布电容影响的串联式电压互感器原理线路和等效电路分别如图 2-40 和图 2-41 所示,图中,C_{d1}、C_{d2} 的定义与图 2-39 中的相同,同理,图中没有标明高压引线对地及周边物体的分布电容。C_t、C_b 分别为串联式电压互感器进行了上、下级分压系数补偿后的上、下级部分的结构电容,$C_t = C_A + \Delta C \approx C_B + C_\Sigma = C_b$。$Z_{A1}$、$Z_{B1}$、$Z_{mA}$、$Z_{mB}$、$Z'_{A2}$、$Z'_{B2}$、$Z'_{C1}$、$Z'_{C2}$、$Z'_{mC}$、$E'_1$ 等均与前文中的定义相同。

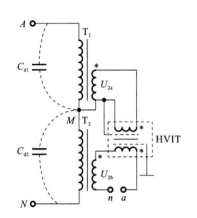

图 2-40　考虑分布电容影响的串联式
　　　　电压互感器原理线路

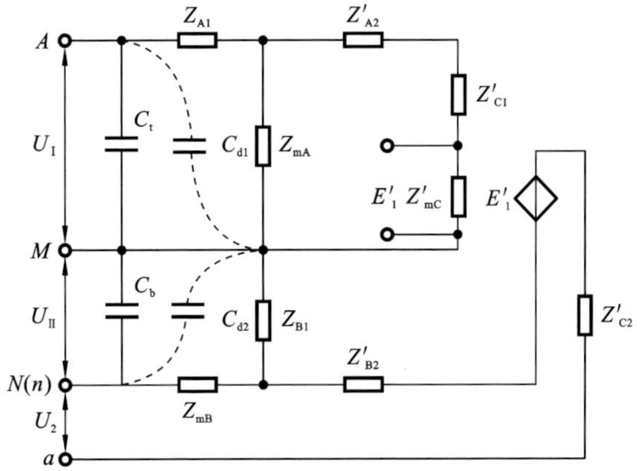

图 2-41　考虑分布电容影响的串联式
　　　　电压互感器等效电路

在不考虑分布电容影响时,串联式电压互感器的空载误差为 ε_k,上级 TV 与 HVIT 级联后的综合空载误差为 ε_{AC},下级 TV 的空载误差为 ε_B。上级壳体电位(M 点电位)为 $U_M = mU_1$,m 为串联式电压互感器上、下级的分压系数。串联式电压互感器的额定变比为 k_n。受到分布电容的影响后,M 点的电位变为 U'_M,$U'_M = m'U_1$,由于 $Z_{A1} \ll Z_{mA}$,$Z_{B1} \ll Z_{mB}$,故有

$$m' = \frac{U'_M}{U_1} = \frac{\dfrac{Z_{mB}}{j\omega(C_{d2}+C_t)Z_{mB}+1}}{\dfrac{Z_{mA}}{j\omega(C_{d1}+C_b)Z_{mA}+1} + \dfrac{Z_{mB}}{j\omega(C_{d2}+C_t)Z_{mB}+1}} \quad (2\text{-}75)$$

由上、下级绕组的对称性可知:$Z_{mA} \approx Z_{mB}$。令 $Z_{mA} = Z_{mB} = Z_m$,则式(2-75)变为

$$m' = \frac{j\omega(C_{d1}+C_t)Z_m+1}{j\omega(C_{d1}+C_{d2}+C_t+C_b)Z_m+2} \quad (2\text{-}76)$$

$$\Delta m = m' - m = \frac{j\omega(C_{d1}+C_t)Z_m+1}{j\omega(C_{d1}+C_{d2}+C_t+C_b)Z_m+2} - \frac{1}{2}$$

$$\approx \frac{j\omega(C_{d1}-C_{d2})Z_m}{2[j\omega(C_{d1}+C_{d2}+C_t+C_b)Z_m+2]} \tag{2-77}$$

$$U'_I=(1-m')U_1 \tag{2-78}$$

$$U'_{II}=m'U_1 \tag{2-79}$$

由于上、下级一次绕组上并联有分布电容 C_{d1}、C_{d2}，根据前文的分析可知，分布电容对上、下级互感器的误差影响量分别为

$$\Delta_A=-Z_{A1}j\omega C_{d1} \tag{2-80}$$

$$\Delta_B=-Z_{B1}j\omega C_{d2} \tag{2-81}$$

此时有

$$U'_2=(\varepsilon_{AC}+\Delta_A+1)\frac{U'_I}{k_n}+\frac{U'_{II}}{k_n}(\varepsilon_B+\Delta_B+1) \tag{2-82}$$

由式(2-79)至式(2-82)得

$$\begin{aligned}\varepsilon'_k&=(\varepsilon_{AC}+\Delta_A+1)(1-m')+(\varepsilon_B+\Delta_B+1)m'-1\\&=m'(\varepsilon_B+\Delta_B-\varepsilon_{AC}-\Delta_A)+\varepsilon_{AC}+\Delta_A\end{aligned} \tag{2-83}$$

受到分布电容的影响前，串联式电压互感器的空载误差为

$$\varepsilon_k=(1-m)\varepsilon_{AC}+m\varepsilon_B \tag{2-84}$$

由式(2-83)、式(2-84)可知

$$\begin{aligned}\Delta\varepsilon_k&=\varepsilon'_k-\varepsilon_k=m'(\varepsilon_B+\Delta_B-\varepsilon_{AC}-\Delta_A)+\varepsilon_{AC}+\Delta_A-(1-m)\varepsilon_{AC}-m\varepsilon_B\\&=\Delta m(\varepsilon_B-\varepsilon_{AC})+(1-m')\Delta_A+m'\Delta_B\end{aligned} \tag{2-85}$$

由于 $\Delta m(\varepsilon_B-\varepsilon_{AC})$ 为高阶小量，因此，由式(2-85)可知，分布电容对串联式电压互感器误差的影响主要由分布电容对上、下级互感器误差的影响量决定。由前文的分析可知，Δ_A、Δ_B 只影响上、下级互感器的相位差，而且影响量非常小。若临近效应产生的分布电容对串联式电压互感器的上、下级 TV 的分压系数影响量为 0.1%，则根据式(2-85)可知，临近效应对串联式电压互感器误差的影响量近似为 $(1-m')\Delta_A+m'\Delta_B$，为 $10^{-6}\sim10^{-5}$。与串级式电压互感器受临近效应的影响量相比，小了很多，在 STV 的误差计算中可以不予考虑。因此，STV 的稳定性远远优于串级式电压互感器的。

3. 临近效应试验验证

为了进一步验证串联式电压互感器误差性能受临近效应影响小的特点，本书设计以下试验。在对 1000 kV 串联式标准电压互感器样机进行误差测量的试验中，人为改变样机周围的临近条件，考查临近效应对 1000 kV SSTV 的误差影响量。图 2-42 和图 2-43 所示的为改变 1000 kV SSTV 的摆放位置后的试验情况，分别记为状态 1 和状态 2。图 2-44 和图 2-45 所示的为改变高压引线与 1000 kV SSTV 的夹角后的试验情况，分别记为状态 3 和状态 4。

改变临近条件后，各个状态的误差测量结果如图 2-46 所示。

图 2-42　SSTV 在高压引线右侧

图 2-43　SSTV 在高压引线左侧

图 2-44　高压引线与 SSTV 成 $60°$

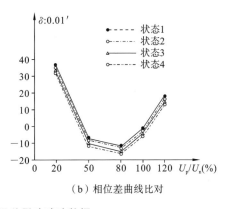

图 2-45　高压引线与 SSTV 成 $120°$

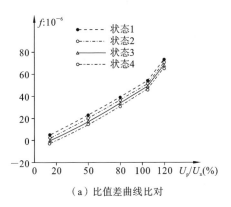

（a）比值差曲线比对　　　　　　（b）相位差曲线比对

图 2-46　临近效应对误差影响试验数据

2.5 有源分压器

最常见的分压器是电阻分压器和电容分压器,阻抗元件是温度敏感器件,长期使用时,稳定性难以保障,同时,电阻分压器或电容分压器都不能提供足够的功率输出,如果在二次接入了需要功率驱动的二次设备,其准确度会受到极大影响。没有外部辅助电路的无源分压器一般仅在对准确度要求较低的监测场合使用。作为高准确度的电压比例标准使用时,需要配合电子单元使用。

美国学者 Oskars Petersons 基于压缩气体电容器和多组云母介质电容器研制了一台具有高压输出的电子式分压器,其工频测量不确定度可达 2×10^{-5}。该分压器在后级电路上采用了两级结构,其中,第一级是低压部分,分压产生的 12 V 电压信号在后级电路通过放大,产生 120 V 的输出电压。有源电子分压器基本结构原理图如图 2-47 所示,为了获得更高的测量准确度,该电路采用了大量的工频条件下的误差补偿措施。

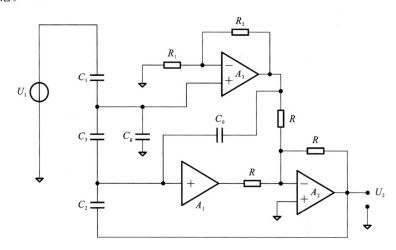

图 2-47 有源电子分压器基本结构原理图

瑞士 Haefely 生产的电子式标准分压器 4861 由电容分压器本体和电子单元构成,其标称测量准确度可达 2×10^{-5},电子单元可实现 1010 V 电压的直接输入,其基本原理是,两支压缩气体电容器串联构成电容分压器,低压输出通过高输入阻抗的跟随器输出,基本原理如图 2-48 所示。

加拿大 Measurements International 公司研制的一种电流比较仪型电容分压器 MI2502A 的原理图如图 2-49 所示。外部参考电容 C_H 与内部反馈电容 C_L 构成标准分压器,反馈电容使用稳定性极高的因瓦合金制作,同时内部配有磁通检测电路和放大驱动电路,可根据电压的不同选择增益放大倍数。MI2502A 比差小于 2×10^{-5},角

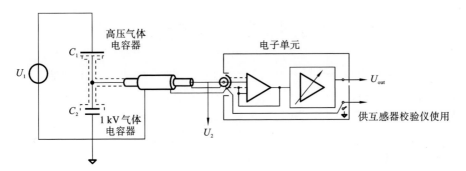

图 2-48 Haefely 有源电子分压器原理图

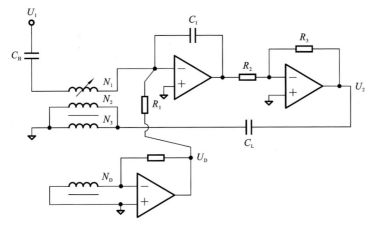

图 2-49 MI2502A 电容分压器原理图

差小于 1×10^{-5} rad。

2.5.1 有源电容分压器原理

传统的电容分压器采用电容器串联方式,以高低压臂电容分压原理完成一次高压到二次输出电压的转换。从高低压臂分压点处获取分压信号,并通过相应的屏蔽手段防止外界对测量信号的干扰及测量电缆线分布电容对低压臂电容容值的影响,其基本原理图如图 2-50 所示。

1. 屏蔽电位影响

分压器本体由两个电容器串联组成,低压臂电容两端电压为输出电压。为防止二次电缆对低压臂电容的等效并联影响,通常采用三同轴电缆作为测量信号线,如图 2-50 所示,并在芯线外侧屏蔽层施加等电位屏蔽信号。在理想情况下,输入信号和输出信号具有如下关系:

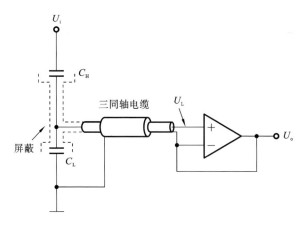

图 2-50　电容分压器基本原理图

$$U_{i}=\frac{C_{L}+C_{H}}{C_{H}}U_{o}=\left(1+\frac{C_{L}}{C_{H}}\right)U_{o} \qquad (2\text{-}86)$$

设三同轴电缆芯线与中间屏蔽层之间的分布电容为 C_S。设电容分压器本体和后侧缓冲电路输出电压分别为 U_L 和 U_o，若 U_o 不等于 U_L（但具有相同相位），则流经 C_S 的电流 I_S 为

$$I_{S}=(U_{o}-U_{L})\omega C_{S} \qquad (2\text{-}87)$$

设此时电缆芯线的等效对地电容为 C_d，则有

$$U_{L}\omega C_{d}=I_{S}=(U_{o}-U_{L})\omega C_{S} \qquad (2\text{-}88)$$

$$C_{d}=\frac{(U_{L}-U_{o})C_{S}}{U_{L}}=\left(1-\frac{U_{o}}{U_{L}}\right)C_{S} \qquad (2\text{-}89)$$

此时，分压器的低压臂电容量变为 C_d+C_L，设 U_o 与 U_L 比差为 f_1，原分压器带来的比差 f_2 为

$$f_{2}\approx\frac{C_{d}}{C_{L}}=\left(1-\frac{U_{o}}{U_{L}}\right)\frac{C_{S}}{C_{L}}=-\varepsilon_{1}\frac{C_{S}}{C_{L}} \qquad (2\text{-}90)$$

对于 1 m 长的导线，C_S 约为 100 pF，若低压臂电容为 100 nF，f_1 为 1×10^{-3}，则 f_2 为 -1×10^{-6}。

2. 输入阻抗影响

设电子单元的输入电阻为 R，与分压器的低压臂并联后，不考虑高、低压电容器介质损耗，则分压比为

$$\dot{K}=\frac{Z_{L}+Z_{H}}{Z_{L}}=\frac{-j\dfrac{1}{\omega C_{H}}}{R/\!/\left(-j\dfrac{1}{\omega C_{L}}\right)}+1=\frac{C_{L}}{C_{H}}+1-j\frac{1}{R\omega C_{H}} \qquad (2\text{-}91)$$

分压器角差 δ 为

$$\delta=-\arctan\left(-\frac{1}{R\omega(C_{\mathrm{L}}+C_{\mathrm{H}})}\right)\approx\frac{1}{R\omega C_{\mathrm{L}}} \tag{2-92}$$

分压器带来的比差 f 为

$$f=\frac{\sqrt{\left(\dfrac{C_{\mathrm{L}}}{C_{\mathrm{H}}}+1\right)^{2}+\left(\dfrac{1}{R\omega C_{\mathrm{H}}}\right)^{2}}}{\dfrac{C_{\mathrm{L}}}{C_{\mathrm{H}}}+1}-1\approx 0.5\left(\frac{1}{R\omega C_{\mathrm{L}}}\right)^{2} \tag{2-93}$$

由式(2-90)、式(2-92)和式(2-93)可以看出,电容分压器后侧缓冲电路的增益误差和其输入阻抗 R 将直接影响分压器整体分压比误差。相比之下,跟随单元的增益误差引起的误差增量较小。而电子单元的输入阻抗给分压器的角差带来的影响较大,如对于介质损耗为 3×10^{-5} 的 100 nF 电容器,需要后端电阻单元的交流输入阻抗至少在 9.6 GΩ,才不会对分压器原角差造成明显影响(影响量为实际误差值的 1/10)。由此,串联结构的高准确度电容分压器对二次电子单元的输入阻抗及性能有较高的要求。

2.5.2　新型有源电容分压器原理

本书研制的电容分压器采用有源电流电压变换方式进行一次电压的转换,以压缩气体电容器作为高压臂电容,以性能良好的固体电容作为低压臂电容,并配以相应的辅助电路共同完成宽频电压的准确测量,有源电容分压器原理图如图 2-51 所示。

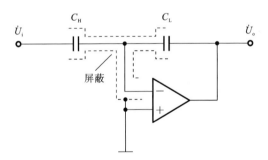

图 2-51　有源电容分压器原理图

根据运算放大器"虚短"和"虚断"的原理,有源电容分压器的输出电压和输入电压之间的关系可简化表示为

$$\dot{U}_{\mathrm{o}}\approx-\frac{C_{\mathrm{H}}}{C_{\mathrm{L}}}\dot{U}_{\mathrm{i}} \tag{2-94}$$

相较串联型电容分压器,有源电容分压器高低压臂电容连接处的电位为虚地电位,高压臂电容的屏蔽电位为地电位,避免了使用反馈结构电路提供屏蔽电位时,其电位不相等造成的分压器附加误差。由运放反相比例原理进行一、二次电压的转换时,对后端电子电路没有高输入阻抗的要求。

该有源电容分压器的分压比为

$$K=\frac{C_L}{C_H} \qquad (2\text{-}95)$$

若选择 C_L 的工作电压在其额定电压的 10% 以下，则忽略 C_L 的电压系数，于是 U_1 电压下：

$$K_1=\frac{C_L}{C_H(1+\alpha_1)} \qquad (2\text{-}96)$$

U_2 电压下：

$$K_2=\frac{C_L}{C_H(1+\alpha_2)} \qquad (2\text{-}97)$$

其中，α_1、α_2 分别为电压 U_1、U_2 下高压电容值的电压系数。

则 U_o 相对于 U_i 的比差增量 Δf 为

$$\Delta f=\frac{K_2-K_1}{K_1}=\frac{\dfrac{C_L}{C_H(1+\alpha_2)}}{\dfrac{C_L}{C_H(1+\alpha_1)}}-1=\frac{1+\alpha_1}{1+\alpha_2}-1=\frac{\alpha_1-\alpha_2}{1+\alpha_2}\approx\alpha_1-\alpha_2 \qquad (2\text{-}98)$$

由式(2-98)可知，有源电容分压器在不同电压下的比例误差为高压电容值的电压系数的差值，这与前面分析的串联型电容分压器的结果相同。

分压器角差的影响主要由高低压电容器介质损耗造成。考虑电容并联等效电阻，有源电容分压器的等效原理图如图 2-52 所示。

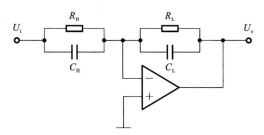

图 2-52　有源电容分压器的等效原理图

在使用该分压器二次信号时，会在测试系统中对其信号角度进行 $180°$ 移相操作，计算分压比的角差时，将不考虑该分压器输出反相的影响。考虑介质损耗后，电容分压器的分压比 $\dot{K}$ 可用下式进行表示：

$$\dot{K}=\frac{Z_L}{Z_H}=\frac{R_L /\!/ \dfrac{-j}{\omega C_L}}{R_H /\!/ \dfrac{-j}{\omega C_H}}=\frac{-jR_L\dfrac{1}{\omega C_L}\bigg/\left(R_L-j\dfrac{1}{\omega C_L}\right)}{-jR_H\dfrac{1}{\omega C_H}\bigg/\left(R_H-j\dfrac{1}{\omega C_H}\right)}=\frac{\dfrac{R_L}{C_L}\left(R_H-j\dfrac{1}{\omega C_H}\right)}{\dfrac{R_H}{C_H}\left(R_L-j\dfrac{1}{\omega C_L}\right)}=\frac{|Z_1|\,\mathrm{e}^{i\theta_1}}{|Z_2|\,\mathrm{e}^{i\theta_2}}$$

$$(2\text{-}99)$$

式中，$|Z_1|$ 和 $|Z_2|$ 分别是分子和分母的复数模值。由式(2-92)，电容分压器的角差

δ 可以表示为分子的阻抗角 θ_1 与分母的阻抗角 θ_2 的差值：

$$\delta = \theta_1 - \theta_2 \approx \tan\theta_1 - \tan\theta_2 = \frac{1}{\omega C_L R_L} - \frac{1}{\omega C_H R_H} \quad (2\text{-}100)$$

按照电容器的介质损耗的定义，对于高压臂电容器，其介质损耗为

$$\tan\delta_H = \frac{1}{\omega C_H R_H} \quad (2\text{-}101)$$

对于低压臂电容器，有

$$\tan\delta_L = \frac{1}{\omega C_L R_L} \quad (2\text{-}102)$$

因此，有源电容分压器的角差等于低压臂电容和高压臂电容的介质损耗角的差值。不同电压下的角差可以通过在不同电压下测量得到介质损耗角计算得到。在使用标准器完成低端的角差测量后，可通过不同电压下的介质损耗变化，计算得到高电压下的角差。

本书设计的谐波电压比例标准装置低压单元部分包括高性能低压固体电容器，$R\text{-}C\text{-}R\text{-}C\text{-}R$ 网络和开环增益误差控制电路等。其中，$R\text{-}C\text{-}R\text{-}C\text{-}R$ 网络用于保持直流通路和控制低压电容的等效介质损耗，本书对主回路运放开环增益引入的误差进行控制，同时调节相应关键电路参数，并对低压单元进行高频响应测试、环路稳定性测试及抗干扰能力测试。

1. 低压臂固体电容器

电压比例标准器输出误差由比差和角差构成，有源电容分压器的比差由高压电容器（高压电容）和低压电容器（低压电容）的电容值容差决定。高压电容为压缩气体式同轴标准电容器，其介质损耗和电压系数较小。为避免低压电容的电压系数对电容量的影响，令低压电容器工作在其额定电压的 10% 左右。因此，低压电容的介质损耗和温度系数将是影响整个电容分压器测量误差的关键因素。低压电容根据介质的不同分为无机固体介质电容器、电解电容器及有机固体介质电容器等。本书采用某型号的多层陶瓷电容作为有源电容分压器的低压电容，其在 $-55 \sim 125$ ℃下，温度系数小于 3×10^{-5}/℃，额定电压为 100 V，容差小于 1%。其感抗-频率特性、电容量-频率特性和温度特性分别如图 2-53、图 2-54 和图 2-55 所示。在 200 kHz ~ 2000 MHz 频率变化范围内，感抗最大为 50 Ω。在 200 kHz ~ 2000 MHz 频率变化范围内，电容容差不超过 1%。在 $10 \sim 125$ ℃范围内，温度变化引起的电容量变化不差过 0.05%。

2. 低压臂固体电容器介质损耗控制

在有源电容分压器低压单元设计过程中，若运算放大器的反馈回路中只有低压臂电容，则对于直流信号而言放大器处于开路状态。运放直流开环增益一般大于 10^5，放大器输入端的直流偏置电压将在输出端被放大数倍，将很快使运放进入直流饱和状态，必须在电容器两端连接大阻值电阻以构造一个小的直流增益，避免饱和。

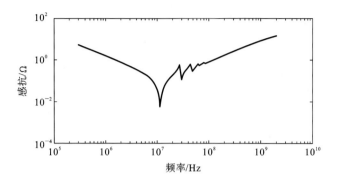

图 2-53　某型号多层陶瓷电容 L-f 特性

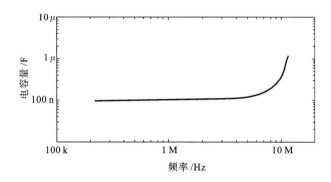

图 2-54　某型号多层陶瓷电容 C-f 特性

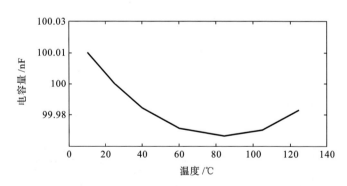

图 2-55　某型号多层陶瓷电容温度特性

然而在对低压电容并联电阻以提供直流通路时,势必会影响低压电容的等效介质损耗,并给电容分压器的输出信号造成很大的相位偏差。

在低压单元设计中,希望并联在低压电容上的阻抗引入的影响不大于 1×10^{-6},对于 100nF 的低压电容,50 Hz 交流信号下,其等效容抗为约为 31.8 kΩ,因此并联的阻抗至少为 31.8 GΩ。如果直接选择 GΩ 数量级的电阻并联在 C_L 两端,对于直流分量来而言,无法起到提供直流通路、抑制直流信号饱和的作用。本书采用双 T 型阻容网络,以实现直流状态下具有较小阻抗、交流状态下具有较大阻抗。同时可提供直流通路、抑制直流信号饱和、减小低压电容并联等效介质损耗。

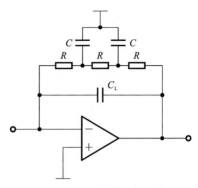

图 2-56　双 T 型阻容网络

双 T 型阻容网络如图 2-56 所示,设两个接地电容相等为 C,电阻相等为 R。对于双 T 型阻容网络,设电容的容抗为 Z_C。通过三角-星形变换,将两个 C 和中间电容 R 构成的三角形阻容网络转换为星形网络,并合并阻抗值,再由星形-三角变换得到最终阻抗值,变换过程如图 2-57 所示。

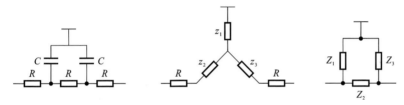

图 2-57　双 T 型阻容网络等效变换

其中:

$$\begin{cases} z_1 = \dfrac{Z_C^2}{R+2Z_C} \\[2mm] z_2 = \dfrac{RZ_C}{R+2Z_C} \\[2mm] z_3 = \dfrac{RZ_C}{R+2Z_C} \end{cases} \qquad (2\text{-}103)$$

经过阻容等效后,Z_1 和 Z_3 转换为运算放大器的输入和输出阻抗。而 Z_2 等效并联在低压电容两端,如图 2-58 所示,经过计算,Z_2 为

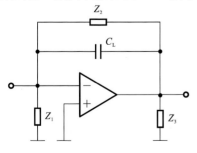

图 2-58　并联阻抗等效电路图

$$\begin{aligned} Z_2 &= R\left[3+\frac{4R}{Z_C}+\left(\frac{R}{Z_C}\right)^2\right] = R\left[\left(\frac{R}{Z_C}+2\right)^2-1\right] \\ &= R\left[(jR\omega C+2)^2-1\right] \\ &= R\left[-(R\omega C)^2+j4R\omega C+4-1\right] \\ &= R\left[3-(R\omega C)^2\right]+j4R^2\omega C \qquad (2\text{-}104) \end{aligned}$$

此时,等效阻抗已经变成了 R 的 $(R/Z_C+2)^2-1$ 倍,合理选取 R 和 Z_C 使 R/Z_C 足够大,便可获得极小的等效介质损耗。表 2-9 列出了 C_L

为 100 nF 时,不同 R 和 C 取值及不同频率下计算的低压电容等效介质损耗。

表 2-9　不同条件下的低压电容等效介质损耗

C_L/nF	R/MΩ	C/nF	Z_{CL}/Z_2(50 Hz)	Z_{CL}/Z_2(2500 Hz)
100	0.5	5000	1.03×10^{-7}	8.263×10^{-13}
100	1	1000	3.183×10^{-7}	2.583×10^{-12}
100	1	3000	3.573×10^{-7}	2.873×10^{-13}
100	1	5000	1.293×10^{-7}	1.033×10^{-13}

同时,在实际有源电容分压器低压单元设计过程中,C_L 焊接在 PCB 上时,PCB 上的绝缘介质同样会引起较大偏差。将焊接点的下方挖空,并在挖空处设计完善的屏蔽结构,如图 2-59 所示,最大程度地减小等效介质损耗对电容分压器输出信号相位偏差的影响。

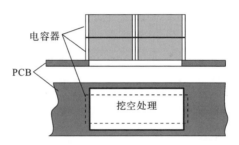

图 2-59　PCB 挖空设计

3. 运放开环增益引入误差控制

对于高低压臂电容构成的反相比例放大电路,设 A 和 U_1 分别为运算放大器(简称运放)开环增益和反相端电压,则可列写电路各点电压关系如式(2-105)和式(2-106)所示:

$$U_1 = U_o + \frac{1/j\omega C_2}{1/j\omega C_1 + 1/j\omega C_2}(U_i - U_o) \tag{2-105}$$

$$-AU_1 = U_o \tag{2-106}$$

联立方程,则输出电压与输入电压之间的关系可表示为

$$\frac{U_o}{U_i} = -\frac{C_1}{C_2}\left(1 - \frac{1}{AC_2/(C_1 + C_2) + 1}\right) \tag{2-107}$$

式(2-107)表明,运算放大器开环增益将对测量结果引入相对误差。对于普通运算放大器,A 一般为 100 dB,则由运放开环增益引入的误差将达到 1×10^{-5}。

为对运放开环增益引入的误差进行控制,在反相比例运放后侧级联同相放大电路以提高其开环增益,原理如图 2-60 所示。设运放开环增益分别为 A_1 和 A_2,同相放大倍数为 G,则此时输出电压和输入电压之间的关系可表示为

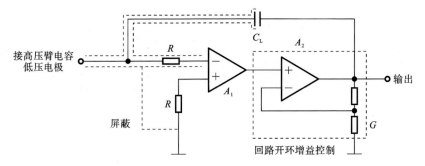

图 2-60　开环增益开环控制原理图

$$\frac{U_o}{U_i} = -\frac{C_1}{C_2}\left(1 - \frac{1}{\dfrac{A_1 A_2 G}{G+A_2}\dfrac{C_2}{C_1+C_2}+1}\right) \tag{2-108}$$

　　运放开环增益为 100 dB,同相放大倍数 G 为 100 时,由运放开环增益引入的误差将达到 1×10^{-7}。图 2-61 所示的为不同同相放大倍数 G 下,主回路输出相对误差仿真结果。增大同相放大倍数 G 可以有效减小主回路运算放大器开环增益引入的误差。

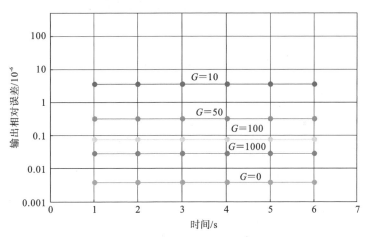

图 2-61　开环增益控制仿真结果

4. 高频响应测试

　　为优化电路参数以获得优良的高频响应,通过仿真及实测的方式对低压单元进行高频响应测试。由于实际测试电路中信号发生器的输出阻抗为 50 Ω,其与高压臂电容 C_H 串联时,将严重衰减信号发生器输出信号的上升沿,因此,在实际测试过程中,使用分压比为 10∶1 的电阻分压器,低压臂输出阻抗为 5 Ω。在 Multisim 仿真软件上对电阻 R_6 和电容 C_5 进行参数优化时也采用此方法。不同电阻 R_6 和电容 C_5 值下,低压单元高频响应仿真电路图如图 2-62 所示。

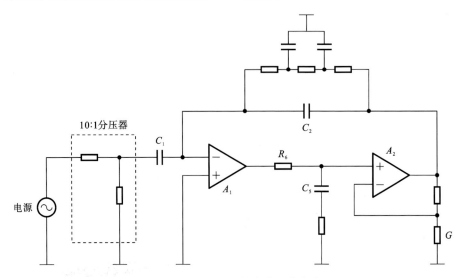

图 2-62 低压单元高频响应仿真电路图

图 2-63 所示的为不同 R_6 和 C_5 值时电路输出的稳定性仿真波形。

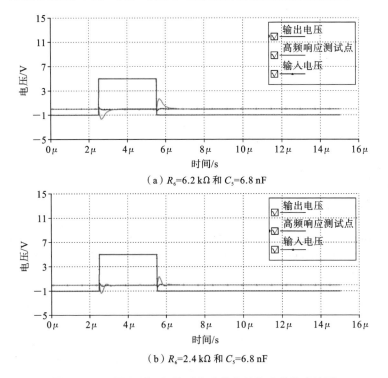

（a）R_6=6.2 kΩ 和 C_5=6.8 nF

（b）R_6=2.4 kΩ 和 C_5=6.8 nF

图 2-63 不同 R_6 和 C_5 值时电路输出的稳定性仿真波形

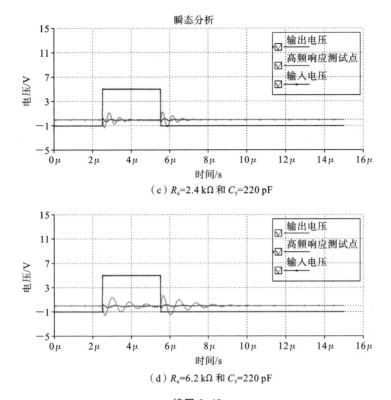

（c）R_6=2.4 kΩ 和 C_5=220 pF

（d）R_6=6.2 kΩ 和 C_5=220 pF

续图 2-63

通过 Multisim 仿真软件对电阻 R_6 和电容 C_5 进行参数优化选择，为使低压单元具有良好的高频响应特性，选取 R_6＝6.2 kΩ，C_5＝6.8 nF。

对低压单元的高频响应进行实际测试，信号发生器输出的矩形波信号上升沿和下降沿均为 10 ns，脉冲宽度为 5 μs，实测的电压曲线如图 2-64 所示，第一级运放输出衰减时间及低压单元输出衰减时间，与仿真结果相同。

5. 抗低频干扰能力测试

当电路的环路中存在干扰信号时，由于电容、电阻的存在等原因可能会出现振荡。有源电容分压器的抗干扰能力与 R-C-R-C-R 网络和低压电容中各参数的取值有关。

在进行低压单元抗干扰能力测试时，等效电阻、电感与低压电容构成二阶零输入响应电路。输出响应的衰减因子可通过式（2-109）进行计算：

$$\tau=\frac{R'}{2L}=\frac{R\left[3-(R\omega C_g)^2\right]}{2\times(4R^2C_g)}=\frac{3-R^2C_g^2\dfrac{1}{LC_L}}{8RC_g}=\frac{1}{8R}\left(\frac{3}{C_g}-\frac{0.25}{C_L}\right) \qquad (2\text{-}109)$$

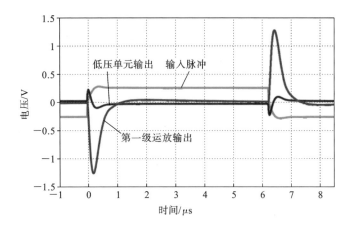

图 2-64　实测电压曲线

当 $\tau \geqslant 1/\sqrt{LC_L}$ 时,输出响应为过阻尼响应,反之为欠阻尼响应。

式(2-109)表明,R-C-R-C-R 网络中电阻与电容的取值和衰减因子成反比,若电阻和电容取值过大,低压单元将在低频响应时具有较大的衰减时间响应,电路的抗干扰能力差。但同时为保证低压电容具有较小的介质损耗,R-C-R-C-R 网络的电阻和电容不应取值过小,R-C-R-C-R 网络等效并联阻抗的实部分量 $R[3-(R\omega C_g)^2]$ 对低压电容阻抗的影响不应大于设定值。低压电源的环路抗干扰能力测试原理图如图 2-65 所示。

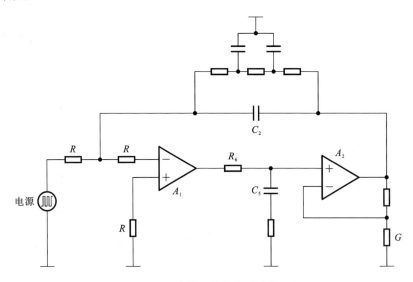

图 2-65　环路抗干扰能力测试原理图

为保证有源电容分压器具有良好的抗干扰能力,并使 R-C-R-C-R 网络在提供直流通路时具有极大的等效并联阻抗,最终选取 R-C-R-C-R 网络中电阻和接地电容分别为 2 MΩ、200 nF。

在实验室对低压单元的低频响应进行实测,将 1 MΩ 电阻连接至电路的输入端,并施加方波激励信号,低压单元的低频输出响应如图 2-66 所示。低压单元的低频输出信号衰减时间与仿真结果一致。

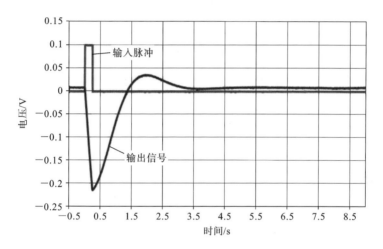

图 2-66　低压单元的低频输出响应

2.5.3　有源电容分压器性能测试

1. 低压电容稳定性测试

前文式(2-92)表明,有源电容分压器的角差为低压电容和高压电容介质损耗角正切的差值,低压固体电容的介质损耗等特性将直接影响有源电容分压器的测量性能。下面对有源电容分压器低压臂电容性能进行测试。

采用图 2-67 所示的方法对低压固体电容电压特性、温度特性和短时稳定性进行测试。其中,I_S 为高稳电流源,R_N 为四端钮标准电阻,其与低压臂固体电容构成反相比例放大电路。标准电阻及低压电容外侧屏蔽接地。通过高输入阻抗电压跟随器提取四端钮标准电阻端电压 U_1。

则低压固体电容阻抗可通过式(2-110)进行表示:

$$Z_C = -\frac{U_2}{U_1} R_N \tag{2-110}$$

低压固体电容的电容量和相应的介质损耗角可表示为

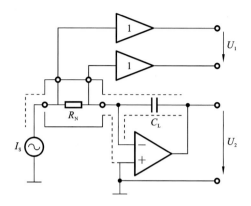

图 2-67 低压固体电容测试原理图

$$C_{\mathrm{L}} = \frac{1}{2\pi f \mid Z_{\mathrm{C}} \mid} \tag{2-111}$$

$$\delta = \arg(Z_{\mathrm{C}}) + \frac{\pi}{2} \tag{2-112}$$

对不同输出电压下低压固体电容的电容量的相对变化量（电容变化量）进行测试,输出电压 U_2 为 1～5 V 时,分别监测低压固体电容的电容变化量,测量结果如图 2-68 所示。在 50 Hz 下,不同输出电压范围内,电容变化量小于 1×10^{-6}。介质损耗角正切值约为 25×10^{-6},最大变化量为 3×10^{-7}。

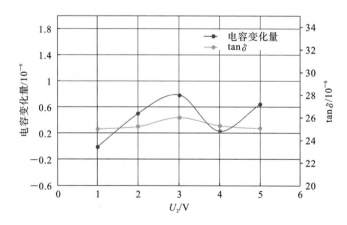

图 2-68 不同输出电压下低压固体电容稳定性测试

相应的,保持输出电压为 5 V,测量不同频率下低压电容器的频率特性,测量曲线如图 2-69 所示,在 3000 Hz 范围内,角差（等效介质损耗）从 25 μrad 变化到 186 μrad,该变化与低压电路采用的固体电容的介质损耗角的变化相一致。

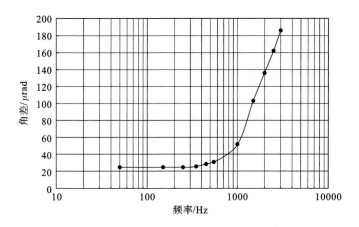

图 2-69　不同频率下低压固体电容稳定性测试

　　对低压固体电容的温度特性进行测试。为了获得低压固体电容的温度特性,用热气枪提高电容分压器壳体内温度,并通过温度传感器对其进行测量。电容变化量随时间的变化如图 2-70 所示。前 20 min,温度从 25 ℃升高到 40 ℃,电容变化量约为 -10^4。之后关闭热源,经过 280 min,温度恢复到 25 ℃,而电容变化量仅为 -5×10^{-7},可忽略不计。

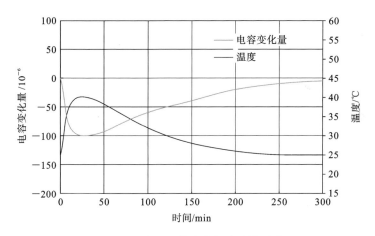

图 2-70　低压固体电容温度特性测试

　　最后在 64 h 内测量了低压固体电容的短时稳定性,结果如图 2-71 所示。

2. 有源电容分压器误差测试

　　以双级电压互感器和多盘感应分压器级联为标准,对有源电容分压器进行 50 Hz 条件下的误差测试,原理如图 2-72 所示。

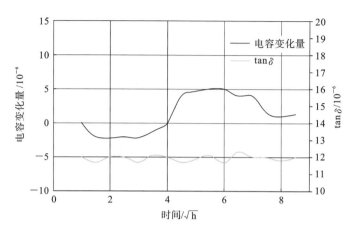

图 2-71　低压固体电容短时稳定性测试

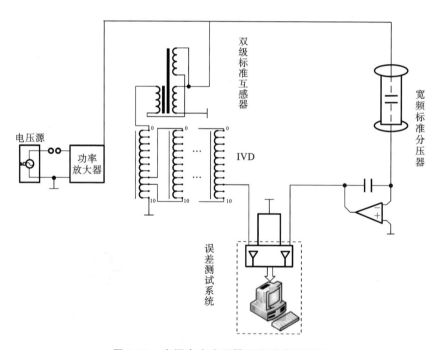

图 2-72　有源电容分压器误差测试原理图

使用 10 kV 气体电容器作为标准分压器的高压臂电容,有源电容分压器误差测试结果如图 2-73 所示。以双级电压互感器和多盘感应分压器级联为标准,计算不同电压下变比相对于 10% 电压下变比的相对变化量,变比相对变化量最大约为 3×10^{-6},角差最大约为 22 μrad,满足进行谐波电压比例标准量值溯源的要求。

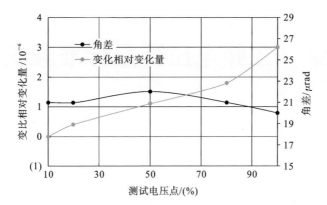

图 2-73　有源电容分压器误差测试结果

第3章　工频电压计量标准溯源方法

对于低等级的电压比例标准装置,可以采用向更高电压等级的检定校准机构送检的方式进行校准或检定。但是对于国家最高等级的比例标准装置,没有更高标准的机构和设备供其送检,其必须通过一定的自校准方法,经过系列操作,得到自身误差。这类方法的一般思想是测量得到标准装置自身误差与电压的关系,或者不同电压下标准装置的误差变化量,在低压下使用误差已知的标准装置标定待测量标准装置的误差,之后利用不同电压下的误差变化量,计算高电压下的标准装置误差数据,完成标准装置全量程自校准。本章介绍了两种使用电磁式辅助互感器完成待溯源电压互感器准确度校准的方法。

3.1　互感器电压串联加法

3.1.1　互感器电压串联加法原理

1954 年,Zinn 和 Forger 首先提出了互感器并串联加法原理,但在实际应用中,由于其操作复杂、稳定性差和谐波干扰严重,并没有得到推广使用;1992 年,我国学者王乐仁在互感器并串联加法原理的基础上进行改进,提出了互感器电压串联加法原理,并且将这一原理成功地应用到我国 110 kV 工频电压比例标准的自校系统中,经过国际比对验证,其技术指标达到了世界先进水平。

互感器电压串联加法(简称电压串联加法)属于一种双边工频电压加法,其原理可用图 3-1 说明。图中,T_1、T_2、T_3 的额定电压比(变化)相同,记为 K,其中,接地型电压互感器 T_2 和 T_3 在一次侧和二次侧都串联连接,中心电位屏蔽型电压互感器 T_1 的一次绕组和串联后的 T_2 和 T_3 的一次绕组并接。在二次侧,以串联后的 T_2 和 T_3 的二次电压为参考测量 T_1 的误差。设 T_1、T_2、T_3 的误差分别为 α、β、γ,在 A-X 间加有电压 $2U$ 时,测量 T_1 的误差为 ε_1,有

$$U_{2a} = (1+\alpha)U_{1a}/K \tag{3-1}$$

$$U_{2b} = (1+\beta)U_{1b}/K \tag{3-2}$$

$$U_{2c} = (1+\gamma)U_{1c}/K \tag{3-3}$$

$$\Delta U = U_{2a} - U_{2b} - U_{2c} \tag{3-4}$$

$$U_{ref} = U_{2b} + U_{2c} \tag{3-5}$$

$$\varepsilon_1 = \Delta U / U_{ref} \tag{3-6}$$

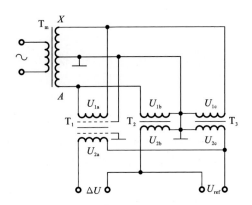

图 3-1　互感器电压串联加法原理线路

把式(3-1)～式(3-5)代入式(3-6),由相关关系得

$$\varepsilon_1 = \frac{\alpha(U_{1b}+U_{1c})-\beta U_{1b}-\gamma U_{1c}}{(1+\beta)U_{1b}+(1+\gamma)U_{1c}} \tag{3-7}$$

设 $U_{1b}=U_{1c}=U$,且对于标准互感器有 $\alpha \ll 1, \beta \ll 1, \gamma \ll 1$,忽略高阶小量,式(3-7)变为

$$\varepsilon_1 = \alpha(2U)-\beta(U)/2-\gamma(U)/2 \tag{3-8}$$

式中,$\alpha(2U)$ 是 T_1 在一次电压为 $2U$ 时的误差,$\beta(U)$、$\gamma(U)$ 分别为 T_2、T_3 在一次电压为 U 时的误差。

按图 3-2 所示电路,在 A、X 间加有电压 U 时,分别以 T_2、T_3 为参考,测量 T_1 的误差为 ε_2、ε_3,有

$$\varepsilon_2 = \alpha(U)-\beta(U) \tag{3-9}$$

$$\varepsilon_3 = \alpha(U)-\gamma(U) \tag{3-10}$$

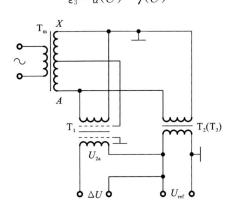

图 3-2　电压互感器互校线路

由式(3-8)、式(3-9)、式(3-10)可得

$$\alpha(2U)-\alpha(U)=\varepsilon_1-(\varepsilon_2+\varepsilon_3)/2 \tag{3-11}$$

式中,$\alpha(U)$是T_1在一次电压为U时的误差。这样,通过三次测量即可确定T_1在电压$2U$和U下的误差变化量,进而可以得到T_1的误差与电压的相关曲线,简称电压系数曲线。这样,可以利用两台额定电压为U的接地型电压互感器采用电压串联加法线路测量得到一台额定电压为$2U$的中心电位屏蔽型电压互感器的电压系数曲线。但式(3-11)是在以下假设前提下得到的:

(1) 为中心电位屏蔽型电压互感器提供屏蔽电位的励磁变压器T_m的中心抽头电位不发生偏移;

(2) 按图3-1、图3-2两种线路进行测量时,中心电位屏蔽型电压互感器T_1的屏蔽电位的变化不影响其误差特性。

但在实际测量时,这两个前提条件不可能完全满足,因此,按式(3-11)计算得到的结果与实际情况有一定偏差。

3.1.2　中心电位偏移量对误差测量的影响

在实际的电压串联加法测量线路中,T_m的中心抽头两边的电压不可能完全对称。设$U_{1b}=U+\Delta U$,$U_{1c}=U-\Delta U$,则式(3-7)变为

$$\varepsilon_1=\frac{2U\alpha-\beta(U+\Delta U)-\gamma(U-\Delta U)}{(1+\beta)(U+\Delta U)+(1+\gamma)(U-\Delta U)} \tag{3-12}$$

考虑到$\alpha\ll1$,$\beta\ll1$,$\gamma\ll1$,$\Delta U\ll U$,忽略高阶小量,式(3-8)变为

$$\varepsilon_1=\alpha(2U)-\beta(U)/2-\gamma(U)/2-\frac{(\beta(U)-\gamma(U))\Delta U}{2U} \tag{3-13}$$

当T_2与T_3间的误差差值$|\beta(U)-\gamma(U)|\leqslant1\times10^{-4}$,$T_m$中心电位偏移量不大于一次电压的1%,即$\left|\dfrac{\Delta U}{2U}\right|\leqslant1\%$时,$\left|\dfrac{(\beta(U)-\gamma(U))\Delta U}{2U}\right|\leqslant1\times10^{-6}$。而$T_2$与$T_3$间的误差差值一般不超过$5\times10^{-5}$,屏蔽电位准确度可以达到0.1级要求,因此,中心电位偏移量的影响可以不考虑。

3.1.3　屏蔽电位变化对互感器误差特性的影响

按图3-1所示线路测量时,屏蔽电位处于地电位,与互感器器身等电位,没有泄漏电流,而按图3-2所示线路测量时,屏蔽电位处于高电位,与互感器器身形成0.5U的电位差,从而产生泄漏电流,相当于在励磁绕组的某点增加一个对地杂散电容,其数学模型是在互感器等值电路的输入臂上某点接上杂散电容C_s,空载时的等值(等效)电路如图3-3(a)所示,Z_{1a}和Z_{1b}是励磁绕组被杂散电容C_s隔离的两部分阻抗。通过星形-三角变换可以将其进一步等效为在励磁阻抗上并联电容C_s',而输入

臂则增加电感量 L_s,如图 3-3(b)所示。

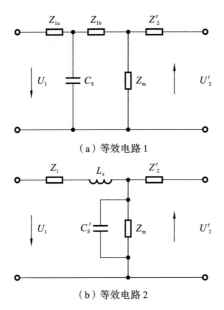

（a）等效电路 1

（b）等效电路 2

图 3-3　屏蔽型互感器的 T 型等效电路

由空载误差的定义有

$$\varepsilon'_k = -\frac{(Z_1 + X_{L_s})(X_{C'_S} + Z_m)}{X_{C'_S} Z_m} = -\frac{Z_1 + X_{L_s}}{X_{C'_S}} - \frac{X_{L_s}}{Z_m} - Y_m Z_1 \tag{3-14}$$

$$\Delta\varepsilon = \varepsilon_k - \varepsilon'_k = \frac{Z_1 + X_{L_s}}{X_{C'_S}} + \frac{X_{L_s}}{Z_m} \tag{3-15}$$

式中,X_{L_s}、$X_{C'_S}$ 分别为 L_s 和 C'_S 的感抗和容抗。

由于 Z_1 是线性的,如果 C_s 是稳定的,则 C_s 的出现主要引起角差与比差曲线的平移。如果 C_s 是非线性的,例如与电压相关,$X_{C'_S} = X_0 + f(u)$,$f(u)$ 为非线性函数,X_0 为容抗 $X_{C'_S}$ 的固定部分,则式(3-15)变为

$$\Delta\varepsilon = \frac{Z_1 + X_{L_s}}{X_0 + f(u)} + \frac{X_{L_s}}{Z_m} \tag{3-16}$$

此时,C_s 的出现将引起角差(相位差)与比差(比值差)曲线的扭曲。而利用数学模型计算平移量和扭曲量的实际大小尚不现实,因为涉及介质的非线性对空间电场的影响,而对形态复杂的电场是很难准确模拟的。最直接的办法是通过实验验证。1989 年,国家高电压计量站分别用电压串联加法和倍压法对 10 kV、$110/\sqrt{3}$ kV 中心电位屏蔽型电压互感器的电压系数进行了测量。将测量结果绘制成曲线,如图 3-4 和图 3-5 所示。曲线的平移量和扭曲量见表 3-1。

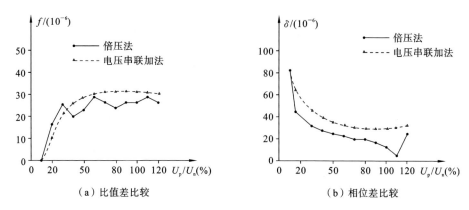

（a）比值差比较　　　　　　　　（b）相位差比较

图 3-4　10 kV 中心电位屏蔽型电压互感器倍压法与电压串联加法测量比较

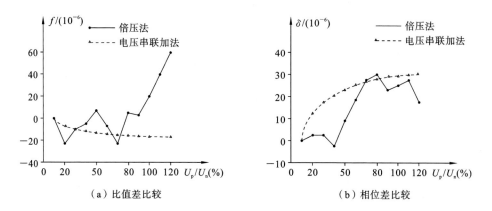

（a）比值差比较　　　　　　　　（b）相位差比较

图 3-5　$110/\sqrt{3}$ kV 中心电位屏蔽型电压互感器倍压法与电压串联加法测量比较

表 3-1　屏蔽泄漏导致的误差偏移量

误差	10 kV 中心电位屏蔽型电压互感器		$110/\sqrt{3}$ kV 中心电位屏蔽型电压互感器	
	比值差	相位差	比值差	相位差
平移量	6×10^{-6}	2×10^{-5}	1×10^{-5}	2.5×10^{-5}
扭曲量	3×10^{-6}	1×10^{-5}	6×10^{-6}	1.6×10^{-5}

　　实验结果表明,用电压串联加法测量中心电位屏蔽型电压互感器的电压系数时,由屏蔽电位的变化产生的屏蔽泄漏,将影响互感器的误差特性,其影响量可以用平移量和扭曲量来考核。其中,平移量可以加以修正,但扭曲量无法消除,从而会引入一个不容忽视的测量不确定度。

3.2　二分之一对称叠加溯源方法

在第 3.1 节中,对于电压串联加法,被测的标准装置的工作状态是在变化的,与标准装置工作时的实际状态并不相同,实际使用中,标准装置的尾端始终是接地的,而在测试中尾端的电位会发生变化,由此引起的附加误差包含在测量结果中。

3.2.1　基本原理

在电压串联加法的基础上,提出了二分之一对称叠加溯源方法,测试线路如图 3-6 所示,T_1、T_2 是两台电磁式电压互感器,一次绕组串联,二次绕组通过 $1:1$ 互感器隔离后串联($110/\sqrt{3}$ kV 以下直接串联)。T_x 为被测标准电压互感器。T_1、T_2、T_x 的变比均为 K,T_1、T_2、T_x 的误差分别为 α、β、γ,且均为输入电压的函数。

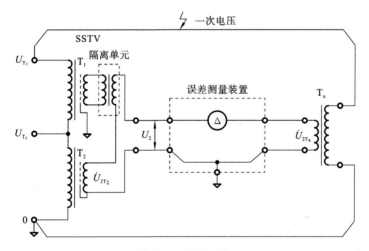

图 3-6　测试线路

测量过程分为以下 3 步。

(1) $U_{T_2}=U$,$U_{T_1}=U$(T_1 一次输入短接),测量误差为 ε_1,根据互感器误差的定义,有

$$\dot{U}_{2T_2}=\frac{\dot{U}}{K_n}(1+\beta_U+\delta) \tag{3-17}$$

$$\dot{U}_{2T_x}=\frac{\dot{U}}{K_n}(1+\gamma_U) \tag{3-18}$$

$$\varepsilon_1=\frac{\dot{U}_{2T_x}-\dot{U}_{2T_2}}{\dot{U}_{2T_2}}=1-\frac{1+\beta_U+\delta}{1+\gamma_U}\approx\gamma_U-(\beta_U+\delta) \tag{3-19}$$

式中,$\dot{U}_{2T_2}$ 和 $\dot{U}_{2T_x}$ 分别为 T_2 和 T_x 的二次电压值,β_U 和 γ_U 分别为互感器 T_2 和 T_x 在电

压 U 下的误差,δ 是 T_1 二次侧尾端在高电位时,由泄漏电流带来的附加误差。

(2) $U_{T_2}=0$,$U_{T_1}=U$(T_2 一次侧输入短接),测量误差为 ε_2,同理,有

$$\varepsilon_2 \approx \gamma_U - \alpha_U \tag{3-20}$$

式中,α_U 为互感器 T_1 在电压 U_1 下的误差。

(3) $U_{T_2}=U$,$U_{T_1}=2U$,测量误差为 ε_3,同理,有

$$\varepsilon_3 \approx \gamma_{2U} - \frac{\alpha_U + \delta + \beta_U}{2} \tag{3-21}$$

式中,γ_{2U} 为互感器 T_x 在电压 $2U$ 下的误差。

由式(3-19)、式(3-20)和式(3-21),得

$$\gamma_{2U} - \gamma_U = \varepsilon_3 - \frac{\varepsilon_1 + \varepsilon_2}{2} \tag{3-22}$$

通过以上 3 步可以计算被测互感器 T_x 从 U 到 $2U$ 的误差变化量 $\gamma_{2U} - \gamma_U$,而 γ_U 可以在低电压下由具有更高准确度的标准器直接标定,通过式(3-22)就可以计算出 T_x 在电压 $2U$ 下的误差 γ_{2U}。经上述 3 步可得到一对电压点间的误差差值,若希望获得更多电压点间的误差差值,可在 U、$0.5U$、$0.25U$、$0.125U$ 等电压点下重复这 3 个步骤。最低点电压下的误差标定后,所有误差实际值均可计算得到,同时值得注意的是,由泄漏电流带来的上级辅助互感器的误差 δ 在计算过程中被消掉了,由此,将电压串联加法用在单频率溯源情况下时,由频率变化带来的误差并不会给测量结果带来影响。

3.2.2 模型误差分析

1) 准确度等级更高

在校验过程中,由于屏蔽不完善,当屏蔽电位发生变化时,泄漏电流流过励磁绕组,一定程度上影响了互感器的准确度,从而也影响了 110 kV 工频电压比例标准装置的测量不确定度。对于图 3-1 和图 3-2 所示线路对应的校准试验,由于屏蔽电位和分布电容的影响,全绝缘电压互感器误差发生了变化,对系统的不确定度也有影响。

用全绝缘串联加法测量计算电压系数曲线有两个假设前提。其一是为互感器提供屏蔽电位的励磁变压器 T_m 的中心抽头电位不偏移;其二是按图 3-1、图 3-2 两种线路测量时,互感器屏蔽电位的变化不影响互感器的误差特性。但在实际测量中,这两种假设不可能完全满足。

实际测量中,提供中心电位的励磁变压器 T_m 的中心抽头两边的电压不可能完全对称。假设偏移量为 ΔU,且 $U_{1b}=U+\Delta U$,$U_{1c}=U-\Delta U$,式(3-7)变为

$$\varepsilon_1 = \frac{U_{1a}(1+\alpha(2U)) - U_{1b}(1+\beta(U)) - U_{1c}(1+\gamma(U))}{U_{1a}(1+\alpha(2U))}$$

由 $\alpha \ll 1$,$\beta \ll 1$,$\gamma \ll 1$,$\Delta U \ll U$,经化简有

$$\varepsilon_1 = \alpha(2U) - \frac{\beta(U)}{2} - \frac{\gamma(U)}{2} - \frac{\Delta U(\beta(U) - \gamma(U))}{2U(1 + \alpha(2U))}$$

忽略高阶分量,考虑 T_2 和 T_3 的误差差值 $|\beta(U) - \gamma(U)| \leqslant 1 \times 10^{-4}$,$T_m$ 中心电位偏移量不大于一次电压的 1%,即 $\left|\dfrac{\Delta U}{2U}\right| \leqslant 1\%$ 时,$\left|\dfrac{\Delta U(\beta(U) - \gamma(U))}{2U(1 + \alpha(2U))}\right| \leqslant 1 \times 10^{-6}$,因此,误差变化在测量中可以忽略不计。

用图 3-1 和图 3-2 所示线路进行测量时,互感器的屏蔽电位发生了变化,图 3-1 中的屏蔽电位处于地电位,与外壳等电位。图 3-2 中的屏蔽电位处于高电位,与外壳之间形成 $U/2$ 的电位差,从而产生泄漏电流,相当于在励磁绕组的某点增加一个杂散电容,其数学模型是在等值 T 型电路的输入臂上某点接上杂散电容 C_s,如图 3-7 所示,图中,Z_{1a} 和 Z_{1b} 是励磁绕组被杂散电容隔离的两部分阻抗。

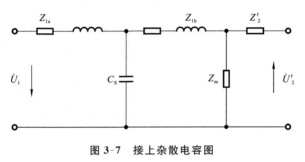

图 3-7　接上杂散电容图

经过变化可将电路进一步等效为图 3-8,其中,C' 为并联电容,L_s 为输入臂上增加的电感量。

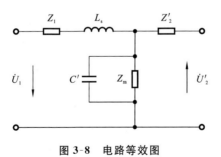

图 3-8　电路等效图

由空载误差的定义有

$$\varepsilon'_k = -(Z_1 + X_{L_s})(Y_{C'} + Y_m)$$

$$\Delta \varepsilon = \varepsilon_k - \varepsilon'_k = (Z_1 + X_{L_s})Y_{C'} + X_{L_s} \cdot Y_m$$

式中,X_{L_s}、Y_m、$Y_{C'}$ 分别为 L_s、Z_m、C' 的容抗、励磁导纳和导纳。

用半绝缘电压串联加法测量电压系数的过程中,屏蔽型电压互感器有电位变化,但绕组一次尾部与外壳等电位,且一次绕组和二次绕组间的屏蔽将杂散电容引起的

泄漏电流直接引入接地,因此相当于等值分布电容分布在一次绕组的两端,如图 3-9 所示,有

$$\bar{\varepsilon} = -Z_1 Y_m - jX_{C'}(\pm Z_D)$$

式中,Y_m、$X_{C'}$ 分别为 Z_m、C' 的励磁导纳和容纳,$\pm Z_D$ 为等值阻抗,在图 3-9 中,分布电容直接与一次绕组并联,因此 $Z_D = 0$,空载误差变化量 $\Delta\varepsilon = 0$,在用半绝缘电压串联加法线路对电压系数进行测量时,没有由电位变化引起的误差影响。

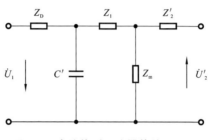

图 3-9 半绝缘型互感器等效 T 型图

2) 开放性

基于半绝缘加法的自校系统中使用的都是半绝缘型互感器,这大大增加了自校系统的开放性,避免了全绝缘屏蔽型电压互感器在制造难度高、屏蔽泄露影响误差性能方面的不足,减少了系统的测量不确定度,使其对全绝缘型和半绝缘型互感器均可以进行电压系数的测量。主标准器都为双级电压互感器,相比于单级电压互感器提升了标准器具自身的准确度。同时充分利用了 SF_6 气体的绝缘性能,大大减小了各标准设备及辅助设备的体积和重量,而且维护方便。

3.3 基于气体电容器的电压系数溯源

国家高电压计量站在 20 世纪 80 年代进行的 35 kV、110 kV 工频电压比例标准研究及在 20 世纪 90 年代进行的 500 kV 工频电压比例标准研究中采用了电压系数法。在低电压下用标准互感器进行量值标定,在高电压下用标准电容器测量试品量值的电压系数。基于高压标准电容器良好电压系数的电压系数法,目前在国际上已被广泛应用于 100 kV 以上工频电压比例标准器具的量值传递及溯源。

3.3.1 电容器电压系数的测量

影响压缩气体电容器(简称电容)电容量的因素主要包括电极系统的热效应、压力容器效应、电场力效应、电极受迫振动效应等。影响压缩气体电容器介质损耗的因素主要有电极的屏蔽与绝缘、气体在不均匀电场下的局部放电、气体中杂质在电场下放电等。测量压缩气体电容器电压系数的方法主要有直流偏压法、双频法、倍压法

等。从三种方法实施的难易程度及现有设备状况考虑,讨论用倍压法对 700 kV 高压标准压缩气体电容器的电压系数进行测量。

测量线路如图 3-10 所示。C_1、C_2、C_N 均为额定电压为 350 kV 的压缩气体电容器,其中,C_1、C_2 用来监测 U_1 和 U_2 的比值,通过改变 C_r、R_r 的大小来调节补偿电压,使微差指零装置 ND 始终指零,即总有 $U_1 = U_2$,这样加到被测电容器的电压总是参考电容器电压的两倍。而 C_N 为电压系数已知的参考压缩气体电容器。这样,C_1、C_2、C_N、C_X 就构成了倍压测量线路,设 C_X 的电压系数为 $\alpha(U)$,C_N 的电压系数为 $\beta(U)$,在图3-10中的比较测量线路中,有

$$N = \frac{2C_X(2U)}{C_N(U)} = \frac{2C_{X0}[1+\alpha(2U)]}{C_{N0}[1+\beta(U)]} \approx \frac{2C_{X0}}{C_{N0}}[1+\alpha(2U)-\beta(U)] \qquad (3\text{-}23)$$

式中,C_{X0} 为 C_X 在起始测量电压 U_0 点的电容量;C_{N0} 为 C_N 在起始测量电压 U_0 点的电容量。

然后按图 3-11 所示的线路,在等电压下进行比对测量,得到

$$K = \frac{C_X(U)}{C_N(U)} = \frac{C_{X0}[1+\alpha(U)]}{C_{N0}[1+\beta(U)]} \approx \frac{C_{X0}}{C_{N0}}[1+\alpha(U)-\beta(U)] \qquad (3\text{-}24)$$

记 $N_0 = \dfrac{2C_{X0}}{C_{N0}}$,$\Delta N = N - N_0$;$K_0 = \dfrac{C_{X0}}{C_{N0}}$,$\Delta K = K - K_0$。

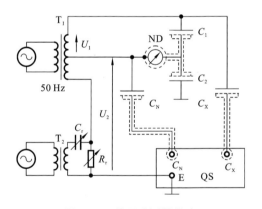

图 3-10　倍压法测量线路

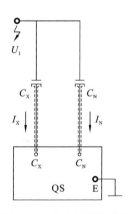

图 3-11　等电压测量线路

在直角坐标上以 U 为自变量,以 $\Delta N/N$ 和 $\Delta K/K$ 为因变量,绘出两条比率变化曲线。曲线上与 $2U$ 和 U 对应的点为

$$\frac{\Delta N(2U)}{N} = \alpha(2U) - \beta(U) \qquad (3\text{-}25)$$

$$\frac{\Delta K(U)}{K} = \alpha(U) - \beta(U) \qquad (3\text{-}26)$$

式(3-25)与式(3-26)相减得

$$\frac{\Delta N(2U)}{N} - \frac{\Delta K(U)}{K} = \alpha(2U) - \alpha(U) \qquad (3\text{-}27)$$

可得

$$\alpha(2U) = \frac{\Delta N(2U)}{N} + \frac{\Delta N(U)}{N} + \frac{\Delta N\left(\frac{1}{2}U\right)}{N} + \cdots + \frac{\Delta N(U_0)}{N}$$

$$- \frac{\Delta K(U)}{K} - \frac{\Delta K\left(\frac{1}{2}U\right)}{K} - \cdots - \frac{\Delta K(U_0)}{K} \tag{3-28}$$

通过 C_X 和 C_N 的倍压比率变化曲线与等压比率变化曲线可以计算得到 C_X 的电压系数。

3.3.2 1000 kV 计量标准的溯源

下面对 1000 kV 串联型电压互感器的量值进行溯源,工作原理如图 3-12 所示。

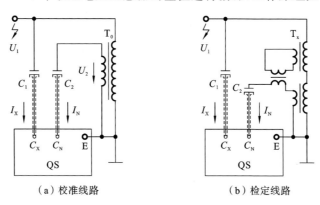

（a）校准线路　　　　　　（b）检定线路

图 3-12 不完全替代法溯源原理线路

图 3-12(a)中,T_0 为 500 kV 标准电压互感器,提供被测电压互感器(1000 kV SSTV,在图 3-12(b)中用 T_x 表示)20％额定电压点的标准比例量值。C_1 为 SC1600 型标准压缩气体电容器(额定电压为 1600 kV),C_2 为 BF1 型低压压缩气体电容器(额定电压为 1000 V),QS 为电流比较仪型高压电容电桥,I_X、I_N 分别为高、低压标准电容器电流,U_1、U_2 分别为一、二次侧电压,则有

$$\dot{I}_N = U_2 j\omega C_2 \tag{3-29}$$

$$\dot{I}_X = U_1 j\omega C_1 \tag{3-30}$$

根据电压互感器误差的定义,有

$$U_1 = KU_2(1 - f - j\delta) \tag{3-31}$$

由式(3-29)、式(3-30)、式(3-31)得

$$\frac{\dot{I}_X}{\dot{I}_N} = \frac{KC_1}{C_2}(1 - f - j\delta) \tag{3-32}$$

式中,K 为互感器的额定电压比。

根据高压电容电桥测量原理,有

$$\frac{\dot{I}_X}{\dot{I}_N}=\frac{C_X}{C_N}(1-\mathrm{j}D) \tag{3-33}$$

式中,D 为电桥测得的介损值,记 $N=C_X/C_N$。

由式(3-32)、式(3-33)得

$$f=1-\frac{NC_2}{KC_1} \tag{3-34}$$

$$\delta=D \tag{3-35}$$

为了消除高压电容电桥的比值差、相位差,以及电容器损耗引入的系统误差,测量时使用增量法对电桥示值进行处理。具体方法是记下校准时(图 3-12(a)所示线路)电桥的示值 D_0 和 N_0,及与之对应的电压比例标准器的误差 f_0 和 δ_0,检定时(图 3-12(b)所示线路)用被检电压互感器 T_x 替换电压比例标准器 T_0,则在规定电压百分点测量时,电桥示值 N 和 D 分别对应电压互感器误差的比值差分量和相位差分量,即

$$f=f_0-\frac{N-N_0}{N_0} \tag{3-36}$$

$$\delta=\delta_0+D-D_0 \tag{3-37}$$

第4章　直流电压计量技术

直流电压比例标准装置的作用是保存和复现直流电压比例量值,高准确度直流电压比例标准装置的研制技术是直流高电压计量技术的重要组成部分。直流高电压比例标准装置多采用电阻分压器,为了保障电阻分压器的测量准确度,电阻元件的特性是重点研究内容。电阻元件在工作时会产生温升,进而引起计量性能的改变,如何降低和控制分压器的温升影响是提升直流分压器稳定性的关键。而高电压下不同位置的直流泄漏电流也是引起分压器整体误差过大的重要因素,建立适当的分压器屏蔽结构,减小分压器局部的电场畸变程度,可有效减小泄漏电流带来的附加影响。本章将结合直流电阻分压器的研发设计,对上述影响因素进行详细介绍。

4.1　直流高电压计量关键参量

1. 分压比

电阻分压器的工作原理图如图 4-1 所示。其中,U 为分压器的输入电压,u 为分压器的输出电压,R_H 为分压器的高压臂电阻,I_H 为流过高压臂的等效电流,R_L 为分压器的低压臂电阻,I_L 为流过低压臂的等效电流。

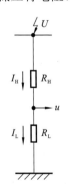

图 4-1　电阻分压器的工作原理图

不考虑泄漏电流和电晕电流的影响,则有 $I_H = I_L$,根据定义,分压器的分压比 K 为

$$K = \frac{U}{u} = \frac{I_H R_H + I_L R_L}{I_L R_L} = \frac{R_H + R_L}{R_L} \tag{4-1}$$

2. 基本误差

直流高压分压器的基本误差表达式为

$$\varepsilon = \frac{K_N - K_X}{K_X} \times 100\%$$

式中,ε 为被检直流高压分压器基本误差;K_N 为被检直流高压分压器的标称分压比;K_X 为被检直流高压分压器的实际分压比。

3. 分压比电压系数

由于电阻的阻值 R 是随着电压 U 的变化而改变的,因此电阻 R 可以表示成电压 U 的函数:

$$R(U) = R_0[1 + \alpha(U)] \tag{4-2}$$

式中，R_0 是当电压为 U_0 时，电阻 R 的电阻值；$\alpha(U)$ 是当电压为 U 时，电阻 R 的相对变化量。

将式(4-2)代入式(4-1)，则有

$$K(U) = \frac{R_{H0}[1+\alpha_H(U)] + R_{L0}[1+\alpha_L(U)]}{R_{L0}[1+\alpha_L(U)]} \tag{4-3}$$

考虑泄漏电流和电晕电流的影响，则有 $I_H \neq I_L$。假设相同电压下，泄漏电流是一定的，且电晕电流也是一定的，则相同电压下的 I_H/I_L 也是一定的。令 $I_H/I_L = [1+\Delta k(U)]$，式(4-1)可以写成

$$\begin{aligned} K(U) &= \frac{[1+\Delta k(U)]R_{H0}[1+\alpha_H(U)] + R_{L0}[1+\alpha_L(U)]}{R_{L0}[1+\alpha_L(U)]} \\ &= \frac{R_{H0}[1+\alpha'_H(U)] + R_{L0}[1+\alpha_L(U)]}{R_{L0}[1+\alpha_L(U)]} \end{aligned} \tag{4-4}$$

式中，$\alpha'_H(U) = \Delta k(U) + \alpha_H(U) + \Delta k(U)\alpha_H(U)$。

虽然用式(4-4)表示的分压比 $K(U)$ 在形式上和式(4-3)是相同的，但是其物理意义不同：用式(4-4)表示的分压比 $K(U)$ 不仅包含了高、低压臂电阻的阻值变化对分压比的影响，而且还包含了泄漏电流和电晕电流对分压比的影响。

可见，分压器的分压比是随电压变化的。分压器上施加的电压从参考电压升高至电压 U 时，分压比的相对变化量称为分压比电压系数，有

$$\gamma = \frac{K_U - K_0}{K_0} \times 100\% \tag{4-5}$$

式中，γ 为分压比电压系数；K_U 为电压 U 的分压比；K_0 为参考电压的分压比。

4.2 直流电压比例标准装置研制

4.2.1 精密高压直流电阻元件特性

直流电阻分压器的分压比会随着施加电压的变化而变化，最主要的原因是，分压器中的电阻元件在不同电压下的阻值是不同的。当电阻元件两端施加不同电压时，一方面，电阻元件中导电体的导电能力会随着电压变化而变化，另一方面，在不同电压下电阻元件的发热量不同，电阻元件中导电体的导电能力还会随着导电体的温度变化而变化。分压器的电压等级越高，工作电压的变化范围越广，电压变化引起的电阻元件的阻值变化越大，分压比的变化就越大；分压器的电压等级越高，分压器的发热量越大，分压器内部温升越高，温度变化引起的电阻元件的阻值变化越大，分压比的变化就越大。了解电阻的特性并选择合适的电阻元件是研制高稳定精密直流电阻分压器的关键，这对 1000 kV 直流电压比例标准的研制来说尤为重要。

理想的电阻是一个纯电阻，而且阻值的大小是固定的，但是实际上，纯电阻是不

存在的,电阻总会存在分布电容和分布电感,而且阻值的大小也会发生变化。在直流电路中可以忽略分布电容和分布电感。电阻阻值的大小与电阻导电体的温度和电阻两端的电压有关,相关程度可以用电阻的温度系数和电压系数表示。

1. 电阻的温度系数

所有材料的电阻率都是温度的函数。对于各种类型的电阻,由于导电材料、基体、黏结剂、结构,以及制造方法不同,其阻值与温度之间具有复杂而多样的关系。通常用电阻温度系数 α_r 评定电阻的温度稳定性:

$$\alpha_r = \frac{1}{R}\frac{dR}{dt} \tag{4-6}$$

一般来说,电阻温度系数是温度的函数,主要取决于导电材料的特性和导电机理。对于纯金属材料,温度越高,晶格热振动越大,电子被散射的概率越大,电阻率越高。因此,纯金属材料的电阻率在不太低的温度下是与热力学温度成正比的,可表示为

$$\rho = AT \tag{4-7}$$

式中,A 为常数,T 为热力学温度。纯金属材料的电阻温度系数可表示为

$$\alpha_r = 1/T \tag{4-8}$$

由此可以看出,纯金属材料的电阻温度系数恒为正值,随温度升高而下降。

合金材料在金属中加入了一些杂质原子,这些原子将破坏原来晶格的严格周期性排列,使自由电子的散射概率增加。因此,合金材料的电阻率总是比未加杂质的纯金属材料的电阻率高。由于加入杂质原子而增加的那部分电阻率 ρ_i 与温度无关,而原有由晶格振动引起的那部分电阻率 ρ_T 与温度有关,因此,合金材料的电阻率可表示为两部分之和:

$$\rho = \rho_i + \rho_T = A(B + T) \tag{4-9}$$

式中,B 是与杂质有关的常数。合金材料的电阻温度系数可表示为

$$\alpha_r = 1/(B + T) \tag{4-10}$$

由此可以看出,合金材料的电阻温度系数要比纯金属材料的小。

不少用于制造电阻器的材料具有半导体的性质,例如具有较高阻值的金属氧化膜、热分解碳膜等。当金属以分散结构存在时,如极薄的不连续金属膜,也具有半导体的温度特性。半导体材料的电阻率与材料中载流子的激活能有关。半导体材料的电阻率与温度的典型关系可表示为

$$\rho = \rho_0 e^{b/t} \tag{4-11}$$

式中,b 为常数,它与材料中载流子的激活能有关。半导体材料中的载流子通过热激发产生,温度越高,产生的载流子越多,材料的电阻率就越低。

此外,在电阻器中,导电材料总是与一些绝缘材料结合在一起,后者的热膨胀在一定程度上影响电阻器的温度特性。例如,对于附着在基体表面的金属膜,由于基体

材料的热膨胀系数比金属材料的小,当温度升高时,金属膜会受到基体一定的压应力,这会使金属膜的阻值减小。

在应用领域中,常用平均温度系数 $\bar{\alpha}_r$ 表示在一定温度范围内,温度每改变 1 ℃ 电阻阻值的平均相对变化:

$$\bar{\alpha}_r = \frac{R_2 - R_1}{R_1(t_2 - t_1)} \tag{4-12}$$

式中,R_1 和 R_2 分别是温度为 t_1 和 t_2 时电阻的阻值。当阻值与温度不成线性关系时,可以分段测定其平均温度系数。

对于常用的合金材料,如锰铜材料和一些精密镍铬合金材料,可用两个温度系数描述阻值与温度的关系,可表示为

$$R = R_1[1 + \alpha(t - 20) + \beta(t - 20)^2] \tag{4-13}$$

式中,R_1 是 20 ℃下的阻值,α 是一次(电阻)温度系数,β 是二次(电阻)温度系数。

2. 电阻的电压系数

理想电阻两端的电压和流过其中的电流成正比,其阻值与电压无关。但是实际上,电阻的导电体是由分散性导体组成的,内部存在接触电阻,因而出现非线性,即电流与电压不是严格成正比的,电阻阻值随着电压升高而下降。阻值和电压的关系可以用电压系数 K 表示:

$$K = \frac{R_2 - R_1}{R_1(U_2 - U_1)} \tag{4-14}$$

式中,U_2 是额定电压或最大工作电压,$U_1 = 0.1 \times U_2$,R_1 和 R_2 分别为电压是 U_1 和 U_2 时的阻值。

一般地,对于由块状金属材料制成的电阻,例如线绕电阻或块金属箔电阻,其导电体的分散性很小,因而其电压系数很小。

其他类型的电阻一般由分散性较大的导电颗粒或细小的晶粒组成,导体内部存在大量颗粒之间的接触电阻。接触电阻通常包括集中电阻和间隙电阻两部分,电压系数主要受间隙电阻的影响。间隙电阻与间隙上的电压有关,当间隙电压较低时,间隙电阻保持不变;当间隙电压较高时,间隙电阻的对数 $\lg R$ 与间隙电压的平方根 $U^{1/2}$ 线性负相关。另外,由于间隙电阻与温度有关,随着电压升高,接触点局部过热,间隙电阻也会降低。应该指出,必须把由于电压升高使电阻整体发热而引起的阻值变化与间隙电阻受热变小加以区分:整体发热是需要一定时间的,整体发热产生的阻值变化反映的是温度系数;而间隙电阻受热变小是瞬时的效应,是电压系数的一个影响因素。

电阻的电压系数与间隙上的电压有关,如果理想地假设电阻导电体中导电颗粒沿导体长度方向成链状排列,则相邻颗粒之间的电压 U_c 可表示为

$$U_c = UD/l \tag{4-15}$$

式中,U 为外加电压,D 为颗粒直径,l 为导电体长度。

颗粒直径越小,导电体长度越长,则电压 U_c 越小。因此,对于薄膜电阻,可用刻螺旋槽的方法增加其导电体长度,这一方面可以增大阻值,另一方面,也可减小电压系数。

3. 高压直流分压器电阻元件的选择

选择高压直流分压器电阻元件要考虑电阻的阻值、温度系数、电压系数和长期稳定性等。

对于高电压等级的直流分压器,使用的电阻元件数量较多,如某院研制的 500 kV 分压器,所用电阻元件的数量多达 2000 个。元件数量的增加将直接导致器件整体可靠性下降,因此要求单只电阻最好能承受较高的电压值。综合考虑分压器的设计经验和电阻生产商的实际生产能力,一般单个电阻的最高工作电压选在 500～1000 V 范围内。

高压直流分压器工作电流的选取需考虑两方面的因素:从限制分压器自身发热的角度考虑,工作电流越小越好;从减小泄漏电流和电晕电流对测量准确度影响的角度考虑,工作电流越大越好。综合考虑,高压直流分压器的工作电流一般选在 0.25～0.5 mA 范围内。

综合考虑工作电压和工作电流的取值范围,将单只电阻元件的阻值选在 1～4 MΩ 范围内。

实际中使用的精密电阻元件主要有金属薄膜电阻、精密线绕电阻和金属箔电阻。其中,金属箔电阻虽然具有很好的性能,但由于结构限制不易做到高阻值(一般不超过 1 MΩ),故在高压直流分压器应用中,一般只考虑选用金属薄膜电阻和精密线绕电阻。

1) 金属薄膜电阻

薄膜技术(thin film technique)是与薄膜制备、测试等相关的各种技术的总称。薄膜是一种特殊的物质形态,其在厚度这一特定方向上尺寸很小,只是微观可测的量,而且在厚度方向上,由于表面、界面的存在,物质会连续发生中断,由此使得薄膜材料产生了与块状材料不同的独特性能。

金属薄膜电阻采用真空蒸发、磁控溅射等工艺在绝缘基板上覆膜,然后在薄膜上刻槽达到需要的阻值,其膜厚一般小于 10 μm,大多小于 1 μm(厚膜电阻的膜厚一般大于 10 μm)。其准确度最高可以做到 0.01%,温度系数可以达到 2×10^{-6}～5×10^{-6}/℃,耐压可以达到 2500 V。

金属薄膜电阻的缺点为:由于膜层很薄,其分子会随时间不断发生扩散,使阻值的长期稳定性受到影响。澳大利亚国家计量研究院对一批国外知名厂商生产的高质量的精密薄膜电阻进行了十余年的跟踪测试,这些电阻在出厂后八至十年内的年变化量约为 8 $\mu\Omega/\Omega$,十年之后阻值趋于稳定。

2) 精密线绕电阻

线绕电阻是用电阻丝缠绕在绝缘骨架上构成的,电阻丝采用具有一定电阻率的镍铬、锰铜等合金,绝缘骨架是由陶瓷、塑料等绝缘材料制成的。电阻在骨架上可根据需要绕制一层或多层,一般采用无感绕法,阻值最高可达 4 MΩ,准确度最高可以做到 0.005%,温度系数可以达到 $5×10^{-6}$/℃,最高耐压可以达到 1000 V。线绕电阻作为一种块状电阻,其分子不易扩散,年稳定性较好。

线绕电阻丝是线绕电阻性能的关键,最常见的精密电阻用的线材是锰铜丝(manganin)。国内能找到比较好的电阻丝是 0 级锰铜丝,其含锰 12%,含镍 4%,其余成分为铜。电阻率为 0.48 $\mu\Omega \cdot m$,一次温度系数 α 在 $-2×10^{-6}$~$+2×10^{-6}$/℃ 之间,二次温度系数 β 为 $-0.5×10^{-6}$/℃^{2} 左右。尽管良好的热处理可以使得 α 接近于 0(或者可以用两只具有相反系数的电阻来补偿),但由于 β 比较大,因此其只适用于较小的工作温度范围,其在油浸环境中使用效果较好。

目前另外一种比较广泛使用的电阻丝材料是新康铜,它具有与康铜一样的电阻率、近似的电阻温度系数和相同的使用温度。新康铜与康铜相比,其不含价格较高的镍而具有低价格的优势,但其抗氧化性能较差。在很多方面,新康铜能够替代康铜。新康铜含锰 10.8%~12.5%,含铝 2.5%~4.5%,含铁 1.0%~1.6%,适用于普通的分流器和线绕电阻,而不适用于精密线绕电阻。

Evanohm,被翻译成埃佛诺姆,是一种镍铬铝铜合金,其含镍 75%,含铬 20%,含铝2.5%,含铜 2.5%。其电阻率比锰铜的大,为 1.1 $\mu\Omega \cdot m$,其特点是一次温度系数 α 接近于 0,二次温度系数 β 非常小,为 0.04×10^{-6}/℃^{2} 左右。同时,其与铜之间的热电动势较低,小于 1 μV/℃。从 Evanohm 的成分可以看出来,这种合金类似不锈钢,比较硬,耐腐蚀,因此也就耐老化。由于该材料的二次温度系数 β 很小,因此,在较大范围内,其温度系数变化很小,在 18~28 ℃之间,电阻阻值的相对变化可以被限制在 $2×10^{-6}$ Ω 内,其特别适合在空气中使用,即不需要恒温环境。这种材料的缺点是焊接特性不太好、成本偏高。

综上所述,对于精密高压直流电阻分压器,国内外一般选用阻值为 1~4 MΩ、耐压值为 500~1000 V 的金属薄膜电阻或精密线绕电阻,电阻的温度系数、长期稳定性等是影响分压器测量性能的核心参数,具体要综合考虑视设计要求和成本来进行选择。

4.2.2　高压直流电阻分压器的温升、散热分析及算法

高压电阻分压器工作在额定电压时,功率损耗较大,自热效应显著,分压器内部温度不断升高,不仅使分压器的分压比发生变化,而且有可能造成分压器内部元器件的热损伤,缩短分压器的使用寿命,严重时甚至还可能引起分压器内部元器件的热击穿,导致分压器损坏。研究分析电阻分压器的温度分布和散热情况,不仅有助于在设

计分压器时筛选元器件和优化散热结构，而且还有助于评估分压器工作的安全可靠性。

1. 电阻分压器相关传热基础理论

1）热传导

热传导又称导热，是指热量从物体的高温部分向其低温部分，或者从一个高温物体向一个与它直接接触的低温物体传热的过程。

傅里叶定律是热传导的基本定律，表示传导的热量与温度梯度及垂直于热流方向的导热面积成正比，即

$$Q = -\lambda A \frac{\partial t}{\partial n} \tag{4-16}$$

式中，Q 为单位时间内所传导的热量，单位为 W；λ 为比例系数，称为热导率，单位为 W/(m·K)；A 为垂直于热流量方向的导热面积，单位为 m²；$\partial t/\partial n$ 为温度梯度，单位为 K/m。

热导率 $\lambda = f$（与材料、结构、温度、湿度、压强有关），一般情况下，金属的热导率最大，非金属固体次之，液体的较小，而气体的最小。多数匀质固体的热导率可以近似表示为

$$\lambda_t = \lambda_0 (1 + \alpha t) \tag{4-17}$$

式中，λ_t 为固体在温度 t 时的热导率，单位为 W/(m·K)；λ_0 为固体在 0 ℃时的热导率，单位为 W/(m·K)；α 为温度系数，单位为 1/℃。

工程应用中，在物理环境变化不大的情况下，可以认为材料的热导率为常数。对于稳态时的一维平壁热传导问题，傅里叶定律可以写成

$$Q = -\lambda A \frac{\mathrm{d}t}{\mathrm{d}x} \Rightarrow \int_0^b Q \mathrm{d}x = -\lambda A \int_{t_1}^{t_2} \mathrm{d}t \Rightarrow Q = \frac{\lambda A}{b}(t_1 - t_2) \tag{4-18}$$

$$t_1 = \frac{Qb}{\lambda A} + t_2 \tag{4-19}$$

式中，b 为平壁的厚度，单位为 m；t_1、t_2 分别为热、冷壁面的温度，单位为 K。

对于稳态的长圆筒壁热传导问题，傅里叶定律可以写成

$$Q = -\lambda (2\pi r l) \frac{\mathrm{d}t}{\mathrm{d}r} \Rightarrow \int_{r_1}^{r_2} Q \frac{\mathrm{d}r}{r} = -2\pi l \lambda \int_{t_1}^{t_2} \mathrm{d}t \Rightarrow Q = 2\pi l \lambda \frac{t_1 - t_2}{\ln(r_2/r_1)} \tag{4-20}$$

$$t_1 = \frac{Q}{2\pi l \lambda} \ln(r_2/r_1) + t_2 \tag{4-21}$$

式中，l 为圆筒壁的长度，单位为 m；r_1、r_2 分别为圆筒壁的内、外半径，单位为 m。

2）对流传热

对流传热是依靠流体的宏观位移，将热量由一处带到另一处的传递现象。工程应用中的对流传热，往往是指流体与固体壁面直接接触时的热量传递，其传热速率与流体性质及边界层的状况密切相关。在进行流体与固体壁面之间的对流传热计算

时,可以假设流体与壁面的温度差全部集中在具有一定厚度的有效膜层内,该膜层既不是热边界层,也不是流动边界层,而是集中了全部传热温差并以导热方式传热的虚拟膜层。经过这一虚拟膜层传递的热量可以按一维平壁热传导的情况计算,可得

$$Q = \frac{\lambda A}{\delta} \Delta t \qquad (4\text{-}22)$$

式中,δ 为虚拟膜层的厚度,单位为 m;Δt 为壁面温度与壁面法向上流体的平均温度之差,单位为 K。

由于式(4-22)中的虚拟膜层的厚度 δ 是难以测定的,所以根据该式仍然无法进行计算。于是令 $\lambda/\delta = \alpha$,则有

$$Q = \alpha A \Delta t \qquad (4\text{-}23)$$

式中,α 为表面传热系数,单位为 W/(m² · K)。

3) 表面传热系数

对流传热速率方程的形式简单,求解的关键在于如何获得表面传热系数 α。由于影响表面传热系数的因素较多,除个别情况可以根据理论直接求解外,一般常用因次分析法,将众多影响因素整理成若干个特征数,然后通过试验确定这些特征数之间的关系,得出求取表面传热系数的经验关联式。

单相流体在一定类型的传热面下的表面传热系数 α 与下列各因素有关:设备定型尺寸 l,流速 u,流体密度 ρ,黏度 μ,比热容 c_p,热导率 λ 和升浮力 $\rho g \beta \Delta t$(β 为体积膨胀系数)。将表面传热系数表示为 $\alpha = \Phi(u, l, \mu, \lambda, \rho, c_p, \rho g \beta \Delta t)$,在一定条件下,可以将此函数表示为

$$\alpha = K u^a l^b \mu^c \lambda^d \rho^e c_p^f (\rho g \beta \Delta t)^h \qquad (4\text{-}24)$$

将上式中各物理量用长度 L,质量 M,时间 Q 和温度 T 这 4 个基本因次表示,即:表面传热系数 $\alpha \rightarrow MT^{-1}Q^{-3}$,设备定型尺寸 $l \rightarrow L$,流速 $u \rightarrow LQ^{-1}$,流体密度 $\rho \rightarrow ML^{-3}$,黏度 $\mu \rightarrow ML^{-1}Q^{-1}$,比热容 $c_p \rightarrow L^2 Q^{-2} T^{-1}$,热导率 $\lambda \rightarrow MLQ^{-3}T^{-1}$ 和升浮力 $\rho g \beta \Delta t \rightarrow ML^{-2}Q^{-2}$。

将式(4-24)写成因次等式,则有

$$MT^{-1}Q^{-3}$$
$$= K(LQ^{-1})^a (L)^b (ML^{-1}Q^{-1})^c (MLQ^{-3}T^{-1})^d (ML^{-3})^e (L^2 Q^{-2} T^{-1})^f (ML^{-2}Q^{-2})^h$$
$$\qquad (4\text{-}25)$$

根据因次一致性原则,等式两边因次应该相同。对质量 M 有 $1 = c + d + e + h$,对温度 T 有 $-1 = -d - f$,对时间 Q 有 $-3 = -a - c - 3d - 2f - 2h$,对长度 L 有 $0 = a + b - c + d - 3e + 2f - 2h$。上述四个方程中,有七个未知数,可以选择三个作为已知量,用它们来表示其他四个未知数。这种选择具有任意性,选择的是否恰当,对推导出明确意义的特征数方程有很大影响。这里选 a、f、h 为已知量,可解得 $b = a + 3h - 1$、$c = f - a - 2h$、$d = 1 - f$、$e = a + h$。代入式(4-24),得

$$\alpha = Ku^a l^{a+3h-1}\mu^{f-a-2h}\lambda^{1-f}\rho^{a+h}c_p^f (\rho g\beta\Delta t)^h \tag{4-26}$$

将指数相同的物理量归并在一起,得

$$\frac{\alpha l}{\lambda} = K\left(\frac{lu\rho}{\mu}\right)^a \left(\frac{c_p\mu}{\lambda}\right)^f \left(\frac{l^3\rho^2 g\beta\Delta t}{\mu^2}\right)^h \tag{4-27}$$

上式为具有四个特征数的关系式,其中,$\mathrm{Nu}=\alpha l/\lambda$ 是表示表面传热系数的特征数,称为努塞尔数;$\mathrm{Re}=lu\rho/\mu$ 是表示流动状态影响的特征数,称为雷诺数;$\mathrm{Pr}=c_p\mu/\lambda$ 是表示物性影响的特征数,称为普朗特数;$\mathrm{Gr}=l^3\rho^2 g\beta\Delta t/\mu^2$ 是表示自然对流影响的特征数,称为格拉晓夫数。

在自然对流情况下,Nu 与 Pr 和 Gr 有关,与 Re 无关,此时表面传热系数 α 可以依据经验公式计算:

$$\alpha = \frac{c\times\lambda\times(\mathrm{Gr}\times\mathrm{Pr})^n}{l} \tag{4-28}$$

$$\mathrm{Pr} = \frac{c_p\times\mu}{\lambda} \tag{4-29}$$

$$\mathrm{Gr} = \frac{9.81\times\beta\times\Delta t\times l^3\times\rho^2}{\mu^2} \tag{4-30}$$

式中,α 为表面传热系数,单位为 $\mathrm{W/(m^2\cdot K)}$;Pr 为普朗特数,无量纲;Gr 为格拉晓夫数,无量纲;l 为传热面的特征长度,单位为 m;λ 为流体的热导率,单位为 $\mathrm{W/(m\cdot K)}$;ρ 为流体的密度,单位为 $\mathrm{kg/m^3}$;μ 为流体的黏度,单位为 $\mathrm{Pa\cdot s}$(帕·秒);c_p 为流体的比热容,单位为 $\mathrm{J/(kg\cdot K)}$;β 为流体的体积膨胀系数,单位为 $1/\mathrm{K}$;c、n 为常数,无量纲。

2. 分压器热平衡温度的迭代算法

1)电阻分压器的传热过程分析

标准电阻分压器的典型结构为长圆柱体形,电阻元件呈螺旋状或之字形排列并竖直放置在充满绝缘介质的圆柱形绝缘套管内,绝缘套管的上、下两面分别用圆盘形的金属盖板和金属底板密封,其传热过程如图 4-2 所示。

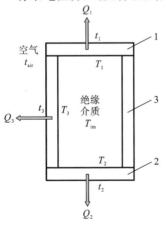

图 4-2 中,1、2、3 分别为金属盖板、金属底板、绝缘套管;T_1、T_2、T_3 分别为金属盖板、金属底板、绝缘套管的内壁温度;t_1、t_2、t_3 分别为金属盖板、金属底板、绝缘套管的外壁温度;Q_1、Q_2、Q_3 分别为金属盖板、金属底板、绝缘套管在单位时间内的散热量;T_{im}、t_{air} 分别为分压器内部的绝缘介质温度和分压器外部的空气温度。

设标准电阻分压器的总阻值为 R,则其工作在电压 U 时消耗的功率 P 为

图 4-2 分压器的传热过程

$$P=\frac{U^2}{R} \qquad\qquad (4\text{-}31)$$

在热平衡状态下,分压器产生的一部分热量 Q'_1 以自然对流传热的方式从绝缘介质传递到金属盖板的内壁,然后以热传导的方式,从金属盖板的内壁传递到金属盖板的外壁,最后以自然对流传热的方式,从金属盖板的外壁传递到分压器外部的空气中。在热平衡条件下,三次传热过程中的传热量应该是相等的,都等于金属盖板的散热量,故可得 $Q'_1=Q_1$。

分压器产生的另外一部分热量 Q'_2 和 Q'_3 也以相同的过程分别从金属底板和绝缘套管传递到了分压器外部的空气中,同样可得 $Q'_2=Q_2$,$Q'_3=Q_3$。

根据能量守恒定理,在热平衡条件下,电阻产生的总热量最终全部传递到了分压器外部的空气中,因此,有

$$P=Q'_1+Q'_2+Q'_3=Q_1+Q_2+Q_3 \qquad\qquad (4\text{-}32)$$

2）表面传热系数的计算

标准分压器内部的绝缘介质均为流体,在已知流体温度与固体壁面温度的情况下,可以计算出流体与固体壁面之间的表面传热系数,计算流程如图 4-3 所示。

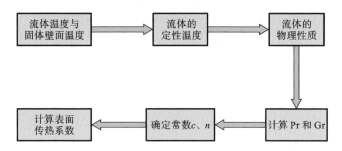

图 4-3　表面传热系数的计算流程

首先,根据流体温度与固体壁面温度计算出流体的定性温度,流体的定性温度＝（流体温度＋固体壁面温度）/2;接着,根据流体的物理性质与流体的定性温度之间的关系,计算出流体在定性温度下的密度、黏度、定压比热容、热导率和体积膨胀系数;然后,根据流体的这些物理性质,由式(4-29)和式(4-30)计算出普朗特数和格拉晓夫数;最后,由式(4-28)计算出表面传热系数,其中,常数 c 和 n 的取值与传热面的形状、位置及普朗特数和格拉晓夫数有关,具体取值如表 4-1 所示。

表 4-1　c、n 的取值

传热面的形状及位置	Gr×Pr	c	n
垂直的圆柱面	$10^4 \sim 10^9$	0.59	1/4
	$10^9 \sim 10^{13}$	0.1	1/3

传热面的形状及位置	Gr×Pr	c	n
水平圆板热面朝上或冷面朝下	$2\times10^4 \sim 8\times10^6$	0.54	$1/4$
	$8\times10^6 \sim 10^{11}$	0.15	$1/3$
水平圆板热面朝下或冷面朝上	$10^5 \sim 10^{11}$	0.58	$1/5$

3）绝缘介质温度的计算

在已知固体内壁温度及绝缘介质和固体内壁之间传热量 Q 的情况下，采用迭代法可以计算出绝缘介质的温度 T_{im}，计算流程如图 4-4 所示。

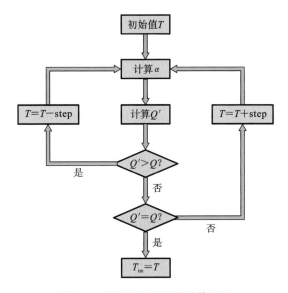

图 4-4 绝缘介质温度的计算流程

首先，选取大小合适的 T 值作为绝缘介质温度的初始值，由固体内壁的温度和绝缘介质的初始温度可以计算出绝缘介质与固体内壁之间的表面传热系数 α；接着，由式(4-23)求出绝缘介质温度为 T 时的传热量 Q'；然后将计算得到的传热量 Q' 与已知的传热量 Q 进行比较，如果 Q' 大于 Q，则将绝缘介质的初始温度 T 降低一定值，反之则将绝缘介质的初始温度 T 升高一定值，重复以上步骤，直到 Q' 与 Q 相等。通过这样的多次迭代，最终可以计算出绝缘介质的温度 T_{im}。

4）温度及散热量的计算

在分压器达到热平衡的情况下，如果已知分压器消耗的功率 P 和外部的空气温度 t_{air}，用迭代法可以计算出分压器内绝缘介质的温度，金属盖板内、外壁的温度及散热量（也称传热量），金属底板内、外壁的温度及散热量，绝缘套管内、外壁的温度及散热量。计算步骤如下。

第一步:计算金属盖板内、外壁的温度及散热量。① 选取大小合适的值 t_1' 作为金属盖板外壁的初始温度;② 由金属盖板外壁的初始温度 t_1' 和分压器外部的空气温度 t_{air} 计算出金属盖板外壁与外部空气间的表面传热系数;③ 根据对流传热的计算公式(4-23)计算出金属盖板外壁与外部空气间的传热量 Q_1';④ 根据一维平壁热传导的计算公式(4-19)计算出金属盖板内壁的温度 T_1';⑤ 由金属盖板内壁的温度 T_1' 和金属盖板内壁与绝缘介质之间的传热量 Q_1' 计算出绝缘介质的温度 T_{im}'。

第二步:计算金属底板内、外壁的温度及散热量。① 选取大小合适的值 t_2' 作为金属底板外壁的初始温度;② 由金属底板外壁的初始温度 t_2' 和分压器外部的空气温度 t_{air} 计算出金属底板外壁与外部空气间的表面传热系数;③ 根据对流传热的计算公式(4-23)计算出金属底板外壁与外部空气间的传热量 Q_2';④ 根据一维平壁热传导的计算公式(4-19)计算出金属底板内壁的温度 T_2';⑤ 由金属底板内壁的温度 T_2' 和金属底板内壁与绝缘介质之间的传热量 Q_2' 计算出绝缘介质的温度 T_{im}'';⑥ 如果 $T_{im}'' > T_{im}'$,则将 t_2' 减小一定值,反之则将 t_2' 增大一定值,然后重复②～⑤,直到 $T_{im}'' = T_{im}'$。

第三步:计算绝缘套管内、外壁的温度及散热量。① 选取大小合适的值 t_3' 作为绝缘套管外壁的初始温度;② 由绝缘套管外壁的初始温度 t_3' 和分压器外部的空气温度 t_{air} 计算出绝缘套管外壁与外部空气间的表面传热系数;③ 根据对流传热的计算公式(4-23)计算出绝缘套管外壁与外部空气间的传热量 Q_3';④ 根据长圆筒壁热传导的计算公式(4-21)计算出绝缘套管内壁的温度 T_3';⑤ 由绝缘套管内壁的温度 T_3' 和绝缘套管内壁与绝缘介质之间的传热量 Q_3' 计算出绝缘介质的温度 T_{im}''';⑥ 如果 $T_{im}''' > T_{im}'$,则将 t_3' 减小一定值,反之则将 t_3' 增大一定值,然后重复②～⑤,直到 $T_{im}''' = T_{im}'$。

第四步:判断功率与热流量是否平衡。如果 $P < Q_1' + Q_2' + Q_3'$,则将 t_1' 增大一定值,反之则将 t_1' 减小一定值,然后重复第一步到第三步,直到 $P = Q_1' + Q_2' + Q_3'$。

3. 热平衡计算结果及分析

表 4-2 所示的是 1000 kV 分压器的典型尺寸,分压器内部的绝缘介质为氮气,在不同空气温度、不同分压器功率下,用迭代法对这种典型尺寸的分压器进行计算。

表 4-2　1000 kV 分压器的典型尺寸

套管高度/m	套管厚度/m	套管内径/m	盖板厚度/m	底板厚度/m
7.200	0.016	0.600	0.032	0.032

当空气温度为 20 ℃、分压器功率为 400 W 时,计算得到的分压器各部分的散热量如表 4-3 所示,分压器的温度分布如表 4-4 所示。

表 4-3 20 ℃、400 W 时的散热量

金属盖板的散热量 Q_1/W	金属底板的散热量 Q_2/W	绝缘套管的散热量 Q_3/W
3.5	12.4	384.5

表 4-4 20 ℃、400 W 时的温度分布

金属盖板 外壁/℃	金属盖板 内壁/℃	金属底板 外壁/℃	金属底板 内壁/℃	绝缘套管 外壁/℃	绝缘套管 内壁/℃	氮气温度 /℃
30.07	30.09	30.72	30.80	30.07	30.95	36.27

由表 4-3 可以看出,由于绝缘套管的散热面积远大于金属底板和金属盖板的散热面积,因此分压器产生的绝大部分热量由绝缘套管传递到外部的空气中,约占总散热量的 96%;虽然金属盖板和金属底板的材料、尺寸都一样,但是金属盖板的散热量却不到金属底板的散热量的 1/3,这是由于金属盖板散热属于热面朝下的水平圆板对流散热,而金属底板散热属于热面朝上的水平圆板对流散热。从表 4-4 可以看出,氮气的温度为 36.27 ℃,温度升高了 16.27 ℃,绝缘套管内、外壁的温度差较大,达到了 0.88 ℃,远高于金属盖板和金属底板的内、外壁温度差。

空气温度为 20 ℃、分压器功率不同时,计算得到的氮气温度如图 4-5 所示,其中,横坐标是分压器功率,单位为 W;纵坐标是氮气温度,单位为℃。分压器功率为 400 W、空气温度不同时,计算得到的氮气温度如图 4-6 所示,其中,横坐标是空气温度,单位为℃;纵坐标为氮气温度,单位为℃。

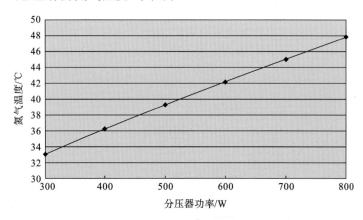

图 4-5 20 ℃时不同功率下的氮气温度

从图 4-5 可以看出,当分压器外部的空气温度一定时,氮气温度与分压器的功率成线性关系,分压器的功率从 300 W 增大到 800 W,功率每增加 100 W,氮气温度就升高约 3 ℃。从图 4-6 可以看出,当分压器的功率一定时,氮气温度和空气温度也成线性关系,空气温度从 0 ℃升高到 40 ℃,空气温度每升高 10 ℃,氮气温度随之升高

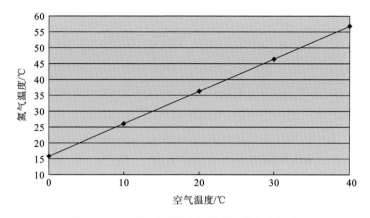

图 4-6　400 W 时不同空气温度下的氮气温度

约 10 ℃。

对采用这种典型尺寸的电阻分压器,当用氮气作绝缘介质时,可以通过以上分析得到如下结论。

(1) 分压器的热量绝大部分通过绝缘套管传递到空气中。

(2) 空气温度为 20 ℃、分压器功率为 400 W 条件下,达到热平衡时,分压器内部的氮气温度约为 36 ℃。

(3) 分压器内部的氮气温度与分压器功率和空气温度成线性关系:分压器功率每增加 100 W,氮气温度就升高约 3 ℃;空气温度每升高 10 ℃,氮气温度升高约 10 ℃。

(4) 若研制的 1000 kV 分压器采用相近尺寸,并用氮气作为绝缘介质,在功率不超过 400 W、实验室温度为(20±5) ℃时,氮气温度最高会升高到 41 ℃左右,满足电阻元件对环境温度的要求。

4.2.3　高压直流分压器的电场分析及仿真

随着电压等级的逐渐升高,电晕电流和泄漏电流对电阻分压器的影响逐渐明显,在进行 500 kV 以上直流电阻标准分压器的设计时,不仅要考虑减小最大电场强度以保证绝缘,还要使测量电阻层附近的电场分布均匀,以减小电晕电流和泄漏电流对分压器准确度的影响。相关人员针对研制的 1000 kV 直流电阻分压器,建立了有限元模型,用 ANSYS 软件进行了仿真,计算了最大电场强度(简称场强)的位置和大小,分析了主均压环和辅均压环的尺寸和安装位置对最大电场强度的影响,计算了测量电阻层纵向方向上的电场分布情况,分析了屏蔽电阻层对测量电阻层纵向方向上的电场分布的影响。经过优化设计,研制的 1000 kV 直流电阻分压器的最大电场强度减小到了 1175 V/mm,沿测量电阻层纵向方向,合电场的电场强度减小到了 141 V/mm,而且分布均匀。

1. 仿真模型的建立

研制的 1000 kV 直流电阻标准分压器,其测量电阻层和屏蔽电阻层由很多只电阻串联组成,测量电阻层和屏蔽电阻层的电阻绕着绝缘内筒从分压器顶部向分压器底部呈螺旋状均匀分布,因此并不是严格意义上的三维轴对称结构。在进行电场分析时,可以用两个厚度和半径分别与测量电阻层和屏蔽电阻层相等的圆筒代替测量电阻层和屏蔽电阻层,并且使圆筒的电位分布与电阻层的电位分布相同。经过这样处理后,1000 kV 直流电阻标准分压器就简化成了三维轴对称结构,而且不会影响电场分析的结果。

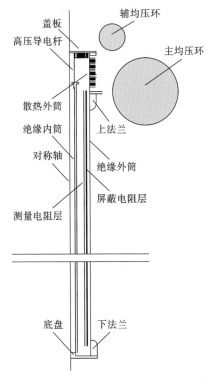

图 4-7 1000 kV 直流电阻标准分压器的二维有限元分析模型

ANSYS 以麦克斯韦方程组作为电磁场分析的出发点,根据给定的边界条件和初始条件,用有限元法求解出有限元模型中各单元节点的自由度。对三维轴对称结构的实体进行 ANSYS 有限元模型的构建时,可以在二维条件下取主轴剖面的一半进行建模,从而将三维静电场问题转化成二维静电场问题。在二维静电场分析中,所求各单元节点的自由度为电压。

1000 kV 直流电阻标准分压器的二维有限元分析模型如图 4-7 所示,图中,直流高电压通过高压导电杆施加到测量电阻层和屏蔽电阻层;绝缘内筒为有机玻璃筒;绝缘外筒为环氧玻璃纤维缠绕绝缘筒,外部没有伞裙,内部充氮气,上部和下部带有金属法兰,以便于安装;散热外筒和盖板在绝缘外筒的顶部,散热外筒的外表面和盖板的内表面带有环形散热片;底盘在绝缘外筒的底部;主均压环和辅均压环安装在分压器的顶部,辅均压环靠上,主均压环靠下。

建好模型后,要对模型进行单元类型和材料属性的分配。对于轴对称结构的二维静电场分析,一般选择单元 PLANE121。单元 PLANE121 是一种二维 8 节点静电单元,单元的每个节点只有一个自由度——电压,计算时要将单元的结构特征参数设置为轴对称结构。在进行静电场分析时,材料的介电常数是很重要的计算参数。在真空中的外加电场中放入介质后,由于介质在外加电场作用下会产生感应电荷而削弱原外加电场,原真空中的外加电场与最终介质中实际电场的比值即为相对介电常数。如果放入的介质是金属,根据相对介电常数的定义,可得到金属的相对介电常数为无穷大。有文献提出:金属的相对介电常数是外场频率的函数,且是一个复数,在低频极限下,金属的相对介电常数将趋于无穷大,表明金属吸收电磁波,不断产生焦耳热,同时,在低频电场作用下,金属相对介电常数的实部通常不大于 10。在进行静电场分析时,常将金属的相对介电常数设置为一个很大的数值,在这里,将金属的相对介电常数设置为 10^6。为了保证屏蔽电阻层和测量电阻层的电位从上到下均匀递减,相对介电常数应当取得足够大,在这里也设置为 10^6。有机玻璃筒的相对介电常数在 $3.9 \sim 4.1$ 之间,环氧玻璃纤维缠绕绝缘筒的相对介电常数在 $3 \sim 5$ 之间,在这里均取中间值,将模型中的绝缘内筒和绝缘外筒的相对介电常数设置为 4。空气和氮气的相对介电常数设置为 1。

　　完成单元类型和材料属性的分配后,对分析模型进行网格划分,并施加载荷。分压器上部的金属施加 1000 kV 电压,分压器下部的金属、地面和空气边界施加地电位;屏蔽电阻层和测量电阻层的上边界施加 1000 kV 电压,下边界施加地电位。设置分析类型为 static,通过数值计算,可以得到 1000 kV 直流电阻标准分压器最大电场强度的位置和大小,以及沿测量电阻层纵向方向上的电场分布情况。

2. 最大电场强度的仿真结果及分析

1) 均压环对电极附近电场的改善作用

　　分别在不安装均压环、只安装主均压环和同时安装主均压环与辅均压环三种情况下,计算 1000 kV 直流电阻标准分压器的电场分布,结果如图 4-8 所示。

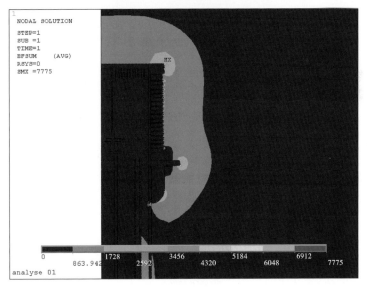

（a）不安装均压环

图 4-8　电场分布

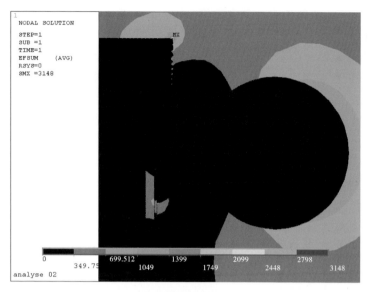

（b）只安装主均压环

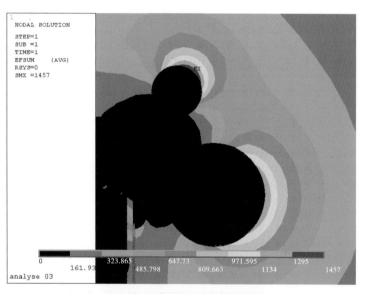

（c）同时安装主均压环与辅均压环

续图 4-8

　　图 4-8(a)所示的为不安装均压环时的电场分布,最大场强达到了 7775 V/mm,位置在盖板的端部,散热外筒的下法兰端部的场强超过了 6912 V/mm,散热外筒的上法兰端部和上部散热片端部的场强超过了 2592 V/mm。图 4-8(b)所示的为只安装了主均压环时的电场分布,最大场强的位置仍然在盖板的端部,但是下降到了 3148 V/mm,

散热外筒的下法兰端部和下部散热片端部的场强下降到了 350 V/mm 以下,但是散热外筒的上法兰端部和上部散热片端部的场强仍然超过了 1399 V/mm。图 4-8(c)所示的为安装了主、辅均压环时的电场分布,最大场强下降到了 1457 V/mm,位置也转移到了辅均压环的外表面,盖板和散热外筒的场强均下降到了 162 V/mm 以下。

可以看出:安装均压环能大大改善高压电极附近的电场分布,使最大场强明显减小。由于散热外筒的高度较高,虽然主均压环对散热外筒下部的电场具有明显的改善作用,但是对盖板和散热外筒上部的电场的改善作用有限,而辅均压环能进一步改善盖板和散热外筒上部的电场。因此,研制的 1000 kV 直流电阻标准分压器需采用主均压环和辅均压环配合的形式。

2) 均压环尺寸和位置对最大场强的影响

分压器的最大场强与主均压环与辅均压环的尺寸和安装位置有关。

图 4-9 所示的为均压环的尺寸和安装位置示意图,其中,R 为主均压环的小环半径,r 为辅均压环的小环半径,D 为主均压环小环圆心到对称轴的距离,d 为辅均压环小环圆心到对称轴的距离,H 为主均压环小环圆心的离地高度,h 为辅均压环小环圆心的离地高度。

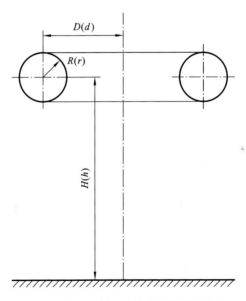

图 4-9　均压环的尺寸和安装位置示意图

当主均压环的小环半径 $R=400$mm、主均压环小环圆心到对称轴的距离 $D=950$ mm、主均压环小环圆心的离地高度 $H=7200$ mm 保持不变时,分别改变辅均压环的小环半径 r、辅均压环小环圆心到对称轴的距离 d 和辅均压环小环圆心的离地高度 h,利用 ANSYS 进行仿真计算,得到的计算结果如表 4-5 所示。

表 4-5 辅均压环尺寸和位置不同时的最大场强

主均压环尺寸和位置/mm	辅均压环尺寸和位置/mm			最大场强/(V/mm)	最大场强的位置
	r	d	h		
$R=400$ $D=950$ $H=7200$	150	650	8000	1554	辅均压环外表面
	200			1457	
	250			1339	
	200	550	8000	1412	
	200	650		1457	
	200	750		1448	
	200	650	7800	1322	
	200	650	7900	1375	
	200	650	8000	1457	

由表 4-5 可以得出以下结论。① 最大场强的位置均在辅均压环外表面,最大场强就是辅均压环的外表面场强。② 随着辅均压环的 r 从 150 mm 增大到 250 mm,最大场强从 1554 V/mm 减小到 1339 V/mm,这是因为电场强度随曲率半径的增大而减小。③ 辅均压环的 r 一定时,d 越小则辅均压环的大环半径越小,辅均压环外表面的曲率半径越小,场强会越大。但是,当辅均压环的 $r=200$ mm 不变时,辅均压环的 $d=550$ mm 时的最大场强为 1412 V/mm,小于 $d=650$ mm 和 $d=750$ mm 时的最大场强,这说明辅均压环的外表面场强不只和外表面的曲率半径有关。当辅均压环的 $d=550$ mm 时,辅均压环和主均压环组成的均压环系统具有更加平滑的几何包络线,从而使辅均压环的外表面场强最小。④ r 与 d 一定时,随着辅均压环的 h 从 7800 mm 逐渐上升到 8000 mm,最大场强从 1322 V/mm 增大到 1457 V/mm,这也是因为当 $h=7800$ mm 时,辅均压环和主均压环组成的均压环系统具有更加平滑的几何包络线。

综合以上分析,要减小辅均压环的外表面场强,不能简单地增大辅均压环外表面的曲率半径,还需要根据主均压环的尺寸和位置,调整辅均压环的相对位置,使得辅均压环和主均压环组成的均压环系统具有更加平滑的几何包络线。

当辅均压环的小环半径 $r=200$ mm、辅均压环小环圆心到对称轴的距离 $d=650$ mm、辅均压环小环圆心的离地高度 $h=8000$ mm 保持不变时,分别改变主均压环的小环半径 R、主均压环小环圆心到对称轴的距离 D 和主均压环小环圆心的离地高度 H,利用 ANSYS 进行仿真计算,得到的计算结果如表 4-6 所示。

表 4-6 主均压环尺寸和位置不同时的最大场强

辅均压环尺寸和位置 /mm	主均压环尺寸和位置/mm			最大场强 /(V/mm)	最大场强的位置
	R	D	H		
$r=200$ $d=650$ $h=8000$	400	950	7200	1457	辅均压环 外表面
	400	1050	7200	1343	
	500	1050	7200	1211	
	500	1150	7200	1175	
	500	1150	7100	1239	

由表 4-6 可以得出以下结论。① 最大场强的位置均在辅均压环外表面,最大场强就是辅均压环的外表面场强。② 主均压环的 $D=1050$ mm、$H=7200$ mm,R 从 400 mm 增大到 500 mm 时,最大场强随之从 1343 V/mm 减小到 1211V/mm;主均压环的 $R=400$ mm、$H=7200$ mm,D 从 950 mm 增大到 1050 mm 时,最大场强随之从 1457 V/mm 减小到 1343 V/mm;主均压环的 $R=500$ mm、$H=7200$ mm,D 从 1050 mm 增大到 1150 mm 时,最大场强随之从 1211 V/mm 减小到 1175 V/mm,这说明,增大主均压环的 R 或者 D,可以减小辅均压环外表面的最大场强。③ 主均压环的 $R=500$ mm、$D=1150$ mm,H 从 7200 mm 减小到 7100 mm 时,最大场强随之从 1175 V/mm 增大到 1239 V/mm,这是由于 H 减小,主均压环与辅均压环相对距离增大,辅均压环变得凸出,主均压环和辅均压环的包络线变得不平滑。

综合以上分析,增大主均压环的 R 或 D,实际上会使主均压环和辅均压环的包络线更加平滑,从而使辅均压环外表面的最大场强减小;通过调整主均压环的高度,减小主、辅均压环之间的距离,可以防止辅均压环过分凸出,使辅均压环和主均压环的包络线更加平滑。

经过优化设计,研制的 1000 kV 直流电阻分压器的最大电场强度最终减小到了 1175 V/mm。

3) 测量电阻层电场仿真结果及分析

测量电阻层是分压器进行测量的主体,在进行分压器设计时应尽量减小测量电阻层附近的电场,减小流过测量电阻层的电晕电流和泄漏电流,从而达到减小分压比电压系数的目的。

在 1000 kV 直流电阻标准分压器有测量电阻层,无屏蔽电阻层的情况下,计算测量电阻层纵向方向上的电场分布,结果如图 4-10 所示,图中,横坐标是测量电阻层的纵向高度,单位为 mm,纵坐标是测量电阻层附近的电场强度,单位为 V/mm。图 4-10(a)所示的为合电场的分布情况,可以看出,合电场的分布并不均匀。图 4-10(b)所示的为横向电场分量的分布情况,可以看出,横向电场分量的分布也不均匀。图

4-10(c)所示的为纵向电场分量的分布情况,可以看出,纵向电场分量的分布是均匀的,这是因为测量电阻层电压在纵向方向上是均匀分布的,而纵向电场分量本质上是纵向方向上的电压梯度。分布均匀的纵向电场分量与分布不均的横向电场分量合成后,得到了分布不均的合电场。

在有测量电阻层和屏蔽电阻层的情况下,计算测量电阻层纵向方向上的电场分布,结果如图 4-11 所示。图 4-11(a)所示的为合电场的分布情况,可以看出,测合电场的分布是均匀的。图 4-11(b)所示的为横向电场分量的分布情况,图 4-11(c)所示的为纵向电场分量的分布情况,可以看出,横向电场分量和纵向电场分量都是均匀分

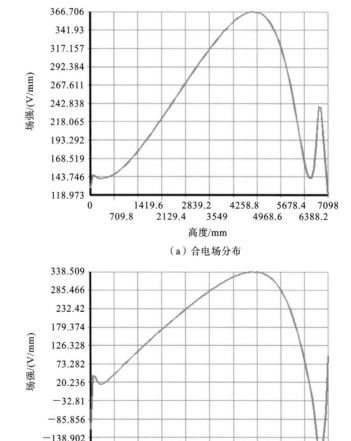

（a）合电场分布

（b）横向电场分量的分布

图 4-10 有测量电阻层,无屏蔽电阻层

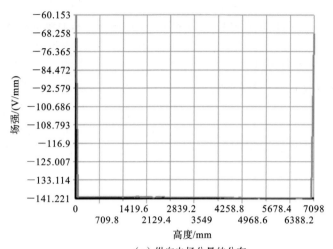

（c）纵向电场分量的分布

续图 4-10

布的,而且横向分量很小,几乎等于零,这是因为屏蔽电阻层对测量电阻层进行了等电位屏蔽,纵向分量是电场的主要分量,决定了合电场的大小和方向。

综合以上分析可知,屏蔽电阻层对测量电阻层的屏蔽作用使得测量电阻层附近的横向电场分量接近于零;沿测量电阻层纵向均匀分布的电压使得测量电阻层附近的纵向电场分量均匀分布,其大小由电阻层的高度和施加在电阻层两端的电压决定;大小接近于零的横向电场分量和均匀分布的纵向电场分量合成后,得到分布均匀的

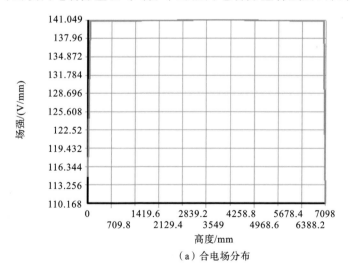

（a）合电场分布

图 4-11　有测量电阻层和屏蔽电阻层

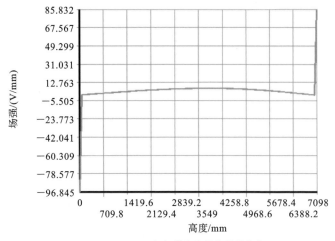

（b）横向电场分量的分布

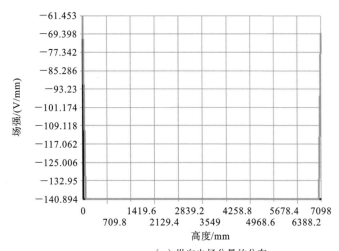

（c）纵向电场分量的分布

续图 4-11

合电场。

因此,研制的 1000 kV 直流电阻分压器安装上屏蔽电阻层是必要的,最终,沿测量电阻层纵向方向,合电场的电场强度减小到了 141 V/mm,而且分布均匀。

4.2.4　泄漏电流抑制

为减小电阻发热引起的分压器内部温度升高,直流电阻分压器的工作电流常设计得很小,一般为 0.25～1 mA。随着分压器电压等级的升高,绝缘支柱表面的泄漏电流逐渐增大,泄漏电流对工作电流的分流作用逐渐明显,从而会降低分压器的测量准确度。下面将通过试验的方法,分析绝缘材料、屏蔽电阻层、氮气对直流电压比例标准装置测量准确度(测量精度)的影响。

1. 试验平台建立

本书建立的试验平台包含一台直流高压电源,两台高精度数字万用表 A 和 B,一台溯源到国家标准的 100 kV 标准分压器,一台试验用 50 kV 直流电阻分压器及同步采集模块。100 kV 标准分压器具有较高的准确度和稳定性,其在 $0\sim50$ kV 的线性度优于 1×10^{-5},则可以认为 100 kV 标准分压器在 $0\sim50$ kV 的分压比不变。试验平台部分装置如图 4-12 所示。

（a）直流高压电源　　　　　　（b）高精度数字万用表

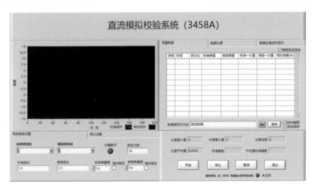

（c）同步采集模块

图 4-12　试验平台部分装置

试验平台部分组成部分的性能参数如下。

1) 直流高压电源

电源采用高稳定度直流高压电源,如图 4-12(a)所示,其最高输出电压为 120 kV,最大输出电流为 2.5 mA,在电压、电流调节预热半小时后,输出电压的稳定度可以达到 1×10^{-4}/h。

2）高精度数字万用表

选用高精度数字万用表 Agilent3458A 对分压器的二次信号进行测量。Agilent3458A 高精度数字万用表如图 4-12(b) 所示。其具有极快的数字吞吐量、卓越的线性度、极低的内部噪声，以及优异的短期稳定度。其在直流电压挡量程为 1 V 和 10 V 时的性能参数如表 4-7 所示。

表 4-7　Agilent3458A 1 V 和 10 V 时的性能参数

量程/V	最高分辨率/nV	输入阻抗/GΩ	温度系数（读数＋量程）/10^{-6}	24 小时精度（读数＋量程）/10^{-6}
1	10	>10	1.2＋0.1	1.5＋0.3
10	100	>10	0.5＋0.01	0.5＋0.05

3）同步采集模块

利用 LabVIEW 软件设计同步采集模块，对数字万用表进行控制，使其能够同时进行数据采集，并将采集到的数据发送到计算机进行存储、计算，以此减小因电源电压变化、电源微小波动等因素引起的测量误差。LabVIEW 同步采集模块（界面）如图 4-12(c) 所示。

4）100 kV 标准分压器

采用国家高电压计量站已建立的 100 kV 标准分压器作为被测分压器的参考。100 kV 标准分压器的参数如表 4-8 所示。

表 4-8　100 kV 标准分压器性能参数

指 标 名 称	参　　　数
额定分压比	100 kV/10V, 100 kV/1V
高压臂电阻	400 MΩ
低压臂电阻	40 kΩ/4 kΩ
额定电流	0.25 mA
线性度	1×10^{-5}

试验开始前，应检查集成有同步采集模块的工控机、高精度数字万用表、直流高压电源、标准分压器，以及被测分压器的接地端是否可靠接地。试验装置按图 4-13 进行连接。标准分压器与被测分压器应保持一定距离，防止它们互相产生干扰，高压极板及均压环应与高压输入端可靠连接。Agilent3458A 在测量过程中应选择合适量程，并通过数据总线与工控机连接。工控机的测量通道应与分压器二次侧输出信号一一对应，并通过同步采集软件对数字万用表进行控制，以实现对数据的同步采

集、存储和计算。图 4-14 所示的为 100 kV 标准分压器与 50 kV 被测分压器接线实物图。

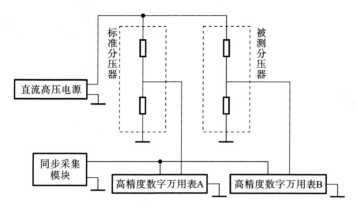

图 4-13　试验接线原理图

图 4-14　100 kV 标准分压器与 50 kV 被测分压器接线实物图

2. 试验结果及分析

1）数字万用表标定试验

在进行不同绝缘材料对直流电阻分压器测量精度的影响试验之前,应先对高精度数字万用表进行标定试验,测定不同数字万用表的测量一致性,防止引入系统误差。

将电压从 5 kV 升至 50 kV,在 5~50 kV 范围内,每 5 kV 为一个电压测量点。每个电压测量点的测量次数为 10 次,用工控机记录两台数字万用表的读数,并计算出两台数字万用表 10 次读数的相对误差平均值和平均值试验标准偏差。数字万用表在不同电压等级下的标定结果如表 4-9 所示。

表 4-9　高精度数字万用表标定结果

电压等级/kV	相对误差平均值/10^{-6}	平均值试验标准偏差/10^{-6}
5	6.2	0.29
10	7.3	0.21
15	7.2	0.13
20	7.2	0.13
25	7.2	0.13
30	7.2	0.13
35	7.4	0.16
40	7.4	0.16
45	7.3	0.15
50	7.6	0.22

　　高精度数字万用表的标定试验结果显示,当两台数字万用表的量程为 10 V 挡,测量电压在 0.5 V,1 V,…,5 V 附近时,同步测量系统 10 次测量的相对误差线性度处于 10^{-6} 数量级,平均值试验标准偏差处于 10^{-7} 数量级,对测量结果分散性的影响很小,可以忽略不计。

　　2) 绝缘材料对测量精度的影响试验

　　在进行绝缘材料对测量精度的影响试验之前,将直流高压电源打开并预热半小时后,调节增压按钮将直流高压电源输出电压升至 5 kV。打开工控机,并对两块数字万用表进行同步数据采集控制,采集 30 组标准分压器和被测分压器输出信号,并实时计算标准分压器和被测分压器输出信号之间的相对误差。依次调节增压按钮使输出电压分别为 10 kV,15 kV,20 kV,25 kV,30 kV,35 kV,40 kV,45 kV,50 kV,并记录不同电压等级下标准分压器和被测分压器输出信号之间的相对误差。

　　在进行 3 次试验后,撤下 50 kV 被测分压器,将其内部有机玻璃支柱换为聚四氟乙烯材料支柱,然后进行试验并记录不同电压等级下标准分压器和被测分压器输出信号之间的相对误差。

　　对两次不同的试验结果进行整理和分析。图 4-15 和图 4-16 所示的为绝缘支柱材料为有机玻璃时的相对误差平均值及平均值试验标准偏差(简称试验标准偏差)。

　　由图 4-15 和图 4-16 可知,绝缘支柱材料为有机玻璃时,被试分压器(即被测分压器)5~50 kV 的相对误差变化量在 10^{-4} 数量级。5~40 kV 的相对误差(即相对误差平均值)保持在 1×10^{-4} 数量级,试验标准偏差稳定在 2×10^{-6} 数量级;当电压高于 40 kV 时,被试分压器的相对误差最高约上升到 5×10^{-4} 数量级,试验标准偏差也相应增大,最高达到 6×10^{-6} 数量级。说明 5~40 kV 时,有机玻璃支柱表面的泄漏电

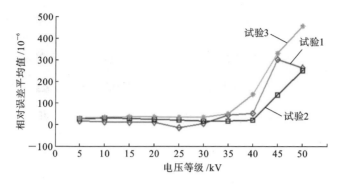

图 4-15 绝缘支柱材料为有机玻璃时的相对误差平均值 1

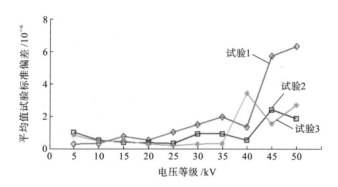

图 4-16 绝缘支柱材料为有机玻璃时的平均值试验标准偏差 1

流不大,因此相对误差变化小,量值稳定;当电压增大到 40 kV 时,有机玻璃支柱表面泄漏电流显著增大,导致相对误差急剧变化,稳定性变差。

图 4-17 和图 4-18 所示的为绝缘支柱材料为聚四氟乙烯时的相对误差平均值及平均值试验标准偏差。

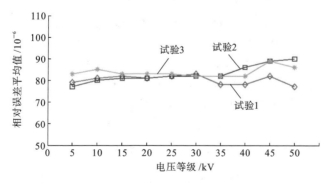

图 4-17 绝缘支柱材料为聚四氟乙烯时的相对误差平均值 1

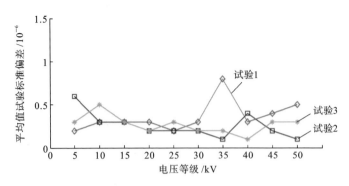

图 4-18 绝缘支柱材料为聚四氟乙烯时的平均值试验标准偏差 1

综合图 4-17 和图 4-18 可以看出,绝缘支柱材料为聚四氟乙烯时,被试分压器 $5 \sim 50$ kV 的相对误差变化量达到 1.5×10^{-5} 数量级,试验标准偏差稳定在 1×10^{-6} 数量级以内。相比于有机玻璃,采用聚四氟乙烯作为绝缘支柱材料的被试分压器的分压比线性度小,测量量值稳定且分散性小。

3) 屏蔽电阻层对测量精度的影响试验

如图 4-19 所示,分压器的高压臂电阻 R_a 和低压臂电阻 R_b 直接安装在绝缘面板上时,受电阻两端的电压 U_a 和 U_b 影响,绝缘面板上的 A 和 B 之间流过泄漏电流 I_{ga},B 和 C 之间流过泄漏电流 I_{gb},由于泄漏电流 I_{ga} 和 I_{gb} 不可能相等,因此流过高压臂电阻 R_a 的电流 I_a 和流过低压臂电阻 R_b 的电流 I_b 也不可能相等,这影响了分压器的分压比量值。

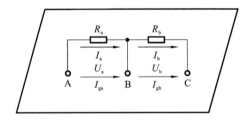

图 4-19 泄漏电流的影响

因此,在分压器箱体的绝缘面板上安装主标准分压器电阻和辅助标准分压器电阻的时候,应采用等电位屏蔽原理减小泄漏电流对分压比量值的影响。

等电位屏蔽的原理如图 4-20 所示。图中,高压臂电阻 R_a 和低压臂电阻 R_b 组成测量分压器电阻,高压臂电阻 R'_a 和低压臂电阻 R'_b 组成屏蔽分压器电阻,且 R_a/R_b $=R'_a/R'_b$。屏蔽分压器电阻安装在绝缘面板上的导电环上,导电环将测量分压器电阻的安装点包围起来,导电环与测量分压器电阻安装点之间为绝缘层。

在测量分压器和屏蔽分压器上施加相同的电压时,由于绝缘面板上的 A 和 A'

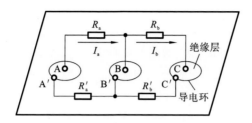

图 4-20　等电位屏蔽的原理

之间、B 和 B′之间、C 和 C′之间的电压很小,此时,屏蔽分压器对测量分压器形成等电位屏蔽。

当绝缘层的绝缘电阻足够大时,可以将测量分压器的泄漏电流减小到可忽略的程度,此时可以认为流过高压臂电阻 R_a 的电流 I_a 和流过低压臂电阻 R_b 的电流 I_b 是相等的,从而提高了测量分压器的准确度。

在 50 kV 被测分压器的分压电阻层内增加屏蔽电阻层,对屏蔽电阻层对分压器测量准确度的影响进行试验,试验结果如图 4-21、图 4-22 所示。

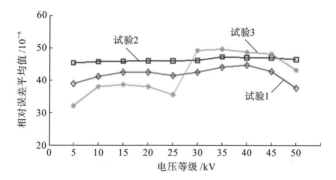

图 4-21　绝缘支柱材料为有机玻璃时的相对误差平均值 2

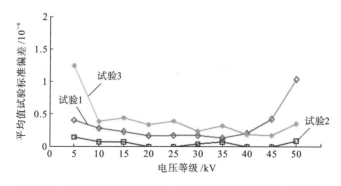

图 4-22　绝缘支柱材料为有机玻璃时的平均值试验标准偏差 2

由图 4-21 和图 4-22 可知,与未安装屏蔽电阻层相比,安装有屏蔽电阻层且采用有机玻璃为绝缘支柱材料的被试分压器,相对误差变化量从 10^{-4} 数量级降低到 2×10^{-5} 数量级,试验标准偏差从 10^{-6} 数量级降低到 10^{-7} 数量级。对采用有机玻璃作为绝缘支柱材料的分压器而言,安装屏蔽电阻层能够减小测量误差线性度,提高稳定性,这对分压器测量准确度具有良好的改善效果。

安装屏蔽电阻层后,绝缘支柱材料为聚四氟乙烯时的试验结果如图 4-23 和图 4-24 所示。

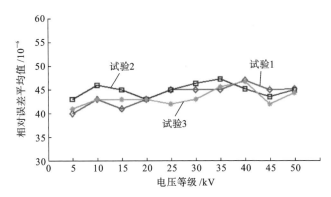

图 4-23　绝缘支柱材料为聚四氟乙烯时的相对误差平均值 2

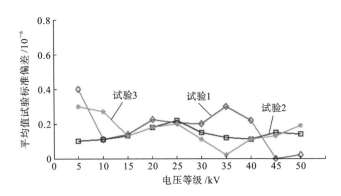

图 4-24　绝缘支柱材料为聚四氟乙烯时的平均值试验标准偏差 2

安装屏蔽电阻层后,绝缘支柱材料为聚四氟乙烯材料的被试分压器的相对误差变化量在 1×10^{-5} 以内,试验标准偏差稳定在 4×10^{-7} 数量级以内。由于测量系统的不确定度在 1×10^{-5} 数量级,因此,安装屏蔽电阻层对绝缘支柱材料为聚四氟乙烯的被试分压器的线性度的改善效果无法准确测量。

4）氮气对测量精度的影响试验

检查被测分压器上、下铝板与绝缘外筒之间的螺栓是否松动,并检查气阀与气压表周围的气密性。采用气体置换法将分压器内部的空气排出。将氮气瓶中的氮气通过充气嘴缓慢充入分压器,当气压表的读数达到 0.4 MPa 时停止。将分压器中的气体缓慢放出,并再次充入氮气,重复操作三次。经计算,此时分压器内部氮气的体积分数达到 99.61%,重新进行绝缘材料对分压器精度的影响试验。

充入氮气后,绝缘支柱材料为有机玻璃时的试验结果如图 4-25 和图 4-26所示。

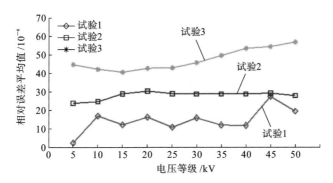

图 4-25　绝缘支柱材料为有机玻璃时的相对误差平均值 3

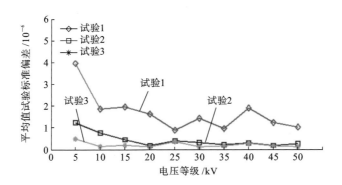

图 4-26　绝缘支柱材料为有机玻璃时的平均值试验标准偏差 3

图 4-25 和图 4-26 所示的试验结果显示,充入氮气后,绝缘支柱材料为有机玻璃的分压器的相对误差变化量从 10^{-4} 数量级降低到 10^{-5} 数量级,试验标准偏差下降到 $2×10^{-6}$ 数量级。氮气的充入可以减小被试分压器相对误差变化量,提高量值稳定性。

在充入氮气后,绝缘支柱材料为聚四氟乙烯时的被试验结果如图 4-27 和图 4-28所示。

从试验结果来看,采用聚四氟乙烯作为绝缘支柱材料的被试分压器的相对误差变化量在 10^{-5} 数量级,试验标准偏差在 10^{-7} 数量级。实际上,绝缘支柱材料为聚四

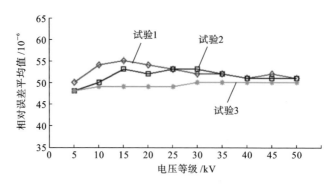

图 4-27 绝缘支柱材料为聚四氟乙烯时的相对误差平均值 3

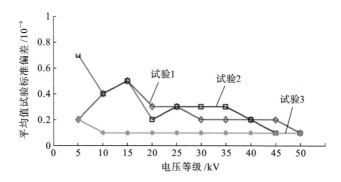

图 4-28 绝缘支柱材料为聚四氟乙烯时的平均值试验标准偏差 3

氟乙烯的被试分压器的线性度和测量系统的不确定度均处于 10^{-5} 量级,因此,无法准确测量出在以聚四氟乙烯为绝缘支柱材料的分压器内充氮气对分压器测量准确度的改善效果。

第5章　直流电压计量标准溯源方法

目前,大部分国家只在 300 kV 及以下电压等级进行了直流分压器分压比的量值溯源研究,在更高电压等级下开展研究工作较多的是中国、澳大利亚、欧盟国家。前文提到,一般的标准装置、测量设备,可以通过常规校准的方式,与更高准确度等级的标准装置进行比较来确定量值大小。但是对于代表国家最高准确度水平的国家标准装置,由于没有更高准确度等级的标准装置可比较,因此需要采用自校准方法确定其量值。对于直流电压比例标准量值,一般是在确定低电压下的比例量值之后,再通过评定分压比电压系数,将比例量值从低电压扩展到高电压的。本章主要介绍低电压下比例量值的确定方法和分压比电压系数的评定方法。

5.1　低电压下比例量值确定方法

5.1.1　哈蒙电阻器

哈蒙电阻器是一种以串并联网络方式工作的过渡电阻器,用于精密直流电阻的测量领域,其基本原理如下。

理想情况下,当 n 个电阻的实际电阻值均为 R' 时,忽略引线电阻、接触电阻等杂散参数的影响,n 个电阻串联时的串联电阻值为 nR'、并联时的并联电阻值为 R'/n,串联电阻值与并联电阻值之比为

$$\frac{nR'}{R'/n} = n^2 \tag{5-1}$$

由于电阻的实际电阻值是不可知的,已知的是电阻的标称电阻值,因此很难获得实际电阻值均为 R' 的 n 个电阻。

对于标称电阻值为 R、实际电阻值分别为 $R_i(i=1,2,\cdots,n)$ 的 n 个电阻,用 M 表示 $R_i(i=1,2,\cdots,n)$ 的平均电阻值,用 $m_i(i=1,2,\cdots,n)$ 表示 $R_i(i=1,2,\cdots,n)$ 对 M 的相对偏差,用 R_s 表示串联电阻值,用 R_p 表示并联电阻值,则有

$$R_i = M(1+m_i) \tag{5-2}$$

$$R_s = \sum_{i=1}^{n} R_i = nM \tag{5-3}$$

$$\frac{1}{R_p} = \sum_{i=1}^{n} \frac{1}{R_i} = \frac{1}{M} \sum_{i=1}^{n} \frac{1}{1+m_i} \tag{5-4}$$

由于

$$\frac{1}{1+m_i} \approx 1 - m_i + m_i^2 \tag{5-5}$$

$$\sum_{i=1}^{n} m_i = 0 \tag{5-6}$$

根据式(5-3)、式(5-4)、式(5-5)、式(5-6)可得

$$\frac{1}{R_p} \approx \frac{1}{M}\left(n + \sum_{i=1}^{n} m_i^2\right) = \frac{n}{M}\left(1 + \frac{1}{n}\sum_{i=1}^{n} m_i^2\right) = \frac{n^2}{R_s}\left(1 + \frac{1}{n}\sum_{i=1}^{n} m_i^2\right) \tag{5-7}$$

故串联电阻值与并联电阻值之比为

$$\frac{R_s}{R_p} \approx n^2\left(1 + \frac{1}{n}\sum_{i=1}^{n} m_i^2\right) \tag{5-8}$$

5.1.2 直接测量法

直接测量法通过在被测直流电阻分压器上直接施加工作电压,测量出被测分压器各段电压与参考电压回路中相应各段电压的差值,如果设计的参考电压回路合适,就可以建立被测分压器的分压比与测量得到的电压差值之间的函数关系,从而可根据测量得到的电压差值及分压比与电压差值之间的函数关系式,得到被测分压器在此工作电压下的分压比。

直接测量法的最大特点是不需要确定分压比的电压系数,其在分压器的工作电压下,直接获得被测分压器在此工作电压下的分压比。采用直接测量法得到的分压比,其不确定度很小。但是,采用直接测量法不仅需要设计复杂的参考电压回路和测量试验,而且还要在高电位下进行电压差值的精密测量,因此技术难度大,适用的电压等级低,电压等级一般不超过 1000 V。

中国计量院采用直接测量法,用参考分压器作为参考电压回路,并用研制的 μV 检测仪测量电压差值,试验接线图如图 5-1 所示。其中,电阻 $R_1 \sim R_{10}$ 为被测分压器的 100 V 测量电阻单元,电阻 $R_{a1} \sim R_{a10}$ 为被测分压器的 100 V 屏蔽电阻单元,每个单元承受的电压均为 100 V;电阻 $R_2' \sim R_{10}'$ 为参考分压器的 100 V 测量电阻单元,电阻 $R_{a2}' \sim R_{a10}'$ 为参考分压器的 100 V 屏蔽电阻单元,每个单元承受的电压也是 100 V;电阻 R_{ref} 为高稳定电阻器,温度系数仅为 $1 \times 10^{-7}/℃$,作为参考分压器测量电阻的一部分,承受的电压为 100 V,另外用一个 1 MΩ 电阻作为参考分压器中屏蔽电阻的相应部分;位于顶部和底部的 1 kΩ 和 10 kΩ 电阻的作用是消除端子引线电阻(mΩ 级)的影响,承受的电压均为 1 V。

图 5-1(a)所示的是试验一的接线图,此时,R_{ref} 和 1 MΩ 电阻分别接在 R_2' 和 R_{a2}' 下端,当施加工作电压 1002 V 时,用 μV 检测仪测量被测分压器各段与参考分压器各段的电压差值,得到 $\delta_1 \sim \delta_9$。图 5-1(b)所示的是试验二的接线图,此时,R_{ref} 和

1 MΩ 电阻分别接在 R'_{10} 和 R'_{a10} 上端,当施加工作电压 1002 V 时,用 μV 检测仪测量被测分压器各段与参考分压器各段的电压差值,得到 $\lambda_1 \sim \lambda_9$。

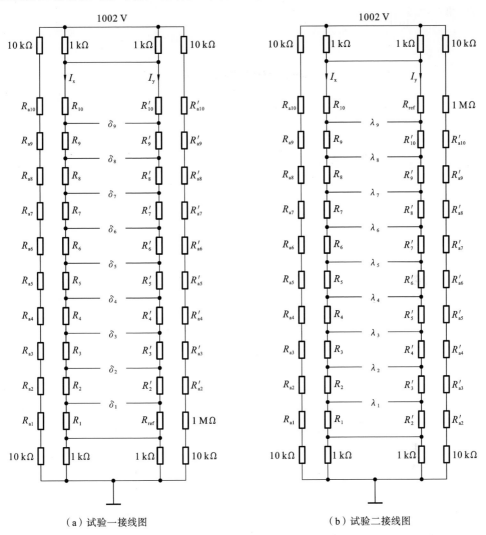

（a）试验一接线图　　　　　　　　（b）试验二接线图

图 5-1　试验接线图

通过公式推导,可以得到

$$\frac{V_{i \times 100\ \text{V}}}{V_{100\ \text{V}}} = \frac{I_x \sum\limits_{j=1}^{i} R_j}{I_x R_1} = i + \frac{\sum\limits_{k=1}^{i-1} (\delta_k - \lambda_k) + \delta_i - i\delta_1}{I_x R_1} \tag{5-9}$$

式中,$V_{i \times 100\ \text{V}} / V_{100\ \text{V}}$ 是 $R_1 \sim R_i$ 上的总电压与 R_1 上的电压之比,I_x 为流过 $R_1 \sim R_{10}$ 的电流。将试验一和试验二测量得到的数据 $\delta_1 \sim \delta_9$、$\lambda_1 \sim \lambda_9$ 代入式(5-9),并令 $\delta_{10} = 0$、

$I_x R_1 = 100$ V,当 i 取 $2\sim10$ 时,可以得到 $(V_{200\text{ v}}\sim V_{1000\text{ v}})/V_{100\text{ v}}$ 的值。

将图 5-1 中被测分压器的 R_1 和 R_{a1} 分为 10 个 10 V 电阻单元,采用相似的参考分压器和接线方法,可以得到 $(V_{20\text{ v}}\sim V_{100\text{ v}})/V_{10\text{ v}}$ 的值。

根据式(5-9),可以得到 $(V_{200\text{ v}}\sim V_{1000\text{ v}})/V_{10\text{ v}}$ 的值,有

$$\frac{V_{i\times100\text{ v}}}{V_{10\text{ v}}} = \frac{V_{i\times100\text{ v}}}{V_{100\text{ v}}} \times \frac{V_{100\text{ v}}}{V_{10\text{ v}}} \tag{5-10}$$

综合以上数据,中国计量科学研究院获得了被测直流电阻分压器的 $(V_{20\text{ v}}\sim V_{1000\text{ v}})/V_{10\text{ v}}$ 比例量值,不确定度优于 2×10^{-7}。

通过设计不同的参考电压回路和测量试验,研制不同的电压差值测量装置,各国采用直接测量法在 1000 V 电压等级下得到的比例量值,不确定度均达到了 10^{-7} 水平。俄罗斯技术和计量局在 1000 V 电压等级下得到的 $V_{1000\text{ v}}/V_{10\text{ v}}$ 比例量值,不确定度达到了 1×10^{-7}。挪威计量和校准服务局在 1000 V 电压等级下得到的 $(V_{20\text{ v}}\sim V_{1000\text{ v}})/V_{10\text{ v}}$ 比例量值,不确定度优于 1.5×10^{-7}。日本国家计量院在 1000 V 电压等级下得到的 $V_{1000\text{ v}}/V_{10\text{ v}}$ 比例量值,不确定度达到了 3×10^{-7},得到的 $V_{100\text{ v}}/V_{10\text{ v}}$ 比例量值,不确定度达到了 2×10^{-7}。新加坡国家计量中心在 1000 V 电压等级下得到的 $V_{1000\text{ v}}/V_{100\text{ v}}$ 比例量值,不确定度优于 3.5×10^{-7},得到的 $V_{100\text{ v}}/V_{10\text{ v}}$ 比例量值,不确定度优于 1.5×10^{-7}。

5.1.3 2/1 自校准法

对于标称分压比为 2/1 的被校分压器(被测分压器),在没有更高准确度标准分压器对其进行校准的情况下,采用 2/1 自校准法,借助标称分压比为 2/1 的参考分压器,通过两步试验得到测量结果,能够准确获得被校分压器的高、低压臂电阻值之比。

2/1 自校准法的试验原理如图 5-2 所示,其中,R_p、R_y 的标称电阻值相同,组成被校分压器,R_1、R_2 的标称电阻值相同,组成参考分压器,被校分压器和参考分压器的标称分压比均为 2/1。

自校准试验分两步进行。

第一步如图 5-2(a)所示,电阻 R_p、R_y 分别为被校分压器的高、低压臂电阻,电阻 R_1、R_2 分别为参考分压器的高、低压臂电阻,直流电压源将试验电压 U_1 同时施加在被校分压器和参考分压器上,测量被校分压器和参考分压器低压臂上的电压差值 Δu_1,则有

$$U_1 \frac{R_y}{R_p + R_y} = U_1 \frac{R_2}{R_1 + R_2} + \Delta u_1 \tag{5-11}$$

第二步如图 5-2(b)所示,电阻 R_p、R_y 分别为被校分压器的高、低压臂电阻,电阻 R_2、R_1 分别为参考分压器的高、低压臂电阻,直流电压源将试验电压 U_2 同时施加在被校分压器和参考分压器上,测量被校分压器和参考分压器低压臂上的电压差值

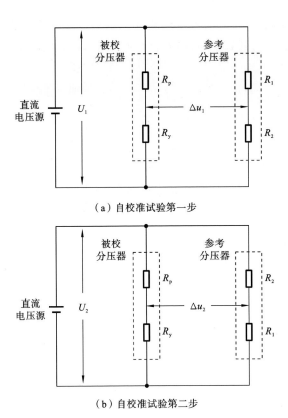

（a）自校准试验第一步

（b）自校准试验第二步

图 5-2　2/1 自校准法试验原理图

Δu_2，则有

$$U_2\frac{R_y}{R_p+R_y}=U_2\frac{R_1}{R_1+R_2}+\Delta u_2 \tag{5-12}$$

根据式（5-11）、式（5-12），可得

$$\frac{R_y}{R_p+R_y}=\frac{1}{2}+\frac{\Delta u_1}{2\,U_1}+\frac{\Delta u_2}{2\,U_2} \tag{5-13}$$

$$\frac{R_p}{R_p+R_y}=\frac{1}{2}-\frac{\Delta u_1}{2\,U_1}-\frac{\Delta u_2}{2\,U_2} \tag{5-14}$$

通过两次试验的测量值 U_1、Δu_1、U_2、Δu_2，可以计算出被校分压器的高、低压臂电阻值之比为

$$\frac{R_p}{R_y}=\frac{1-\dfrac{\Delta u_1}{U_1}-\dfrac{\Delta u_2}{U_2}}{1+\dfrac{\Delta u_1}{U_1}+\dfrac{\Delta u_2}{U_2}} \tag{5-15}$$

令

$$s = \frac{\Delta u_1}{U_1} + \frac{\Delta u_2}{U_2} \tag{5-16}$$

将式(5-16)代入式(5-15)后,两端同时微分,得

$$\mathrm{d}\left(\frac{R_\mathrm{p}}{R_\mathrm{y}}\right) = \mathrm{d}\left(\frac{1-s}{1+s}\right) = \mathrm{d}\left(1 - 2\frac{s}{1+s}\right) = -\frac{2}{(1+s)^2}\mathrm{d}s \approx -2\mathrm{d}s$$

$$= -2\frac{\mathrm{d}(\Delta u_1)}{\Delta u_1}\frac{\Delta u_1}{U_1} - 2\frac{\mathrm{d}(\Delta u_2)}{\Delta u_2}\frac{\Delta u_2}{U_2} + 2\frac{\mathrm{d}U_1}{U_1}\frac{\Delta u_1}{U_1} + 2\frac{\mathrm{d}U_2}{U_2}\frac{\Delta u_2}{U_2} \tag{5-17}$$

式(5-17)表示由于 Δu_1、Δu_2、U_1、U_2 测量不准而引起的 $R_\mathrm{p}/R_\mathrm{y}$ 的测量误差。

5.2 电压系数评定方法

5.2.1 评估法

评估法在获得被测分压器电阻比的基础上,定量分析工作电压下被测分压器的阻值变化、泄漏电流和电晕电流等对分压比的影响,评估出工作电压下的分压比变化量,即采用评估的形式获得分压比的电压系数,从而得到工作电压下被测分压器的分压比。

各国在 10～100 kV 电压等级范围内一般使用评估法对分压比进行量值溯源,也有极少数国家在 300 kV 电压等级下使用评估法。日本某电工实验室研制的 10 kV 直流电阻分压器,采用评估法获得了 10 kV 下的分压比,总误差小于 5.8×10^{-7}。美国国家标准局研制的 10 kV 直流电阻分压器,采用评估法获得了 10 kV 下的分压比,不确定度为 2×10^{-7}。英国国家物理实验室研制的 100 kV 直流电阻分压器,采用评估法获得了 100 kV 下的分压比,不确定度为 5×10^{-6}。

德国联邦物理技术研究院研制的 100 kV 直流电阻分压器的结构如图 5-3 所示。分压器由经过老化处理的精密线绕电阻串联而成,放置在充满 SF_6 气体的屏蔽外壳内。由于电阻本身的温度系数和电压系数很小,而且还有温度调节装置使屏蔽外壳内部的温度保持恒定,因此,当分压器上施加的电压升高到工作电压时,分压器电阻的阻值变化很小。同时采取在分压器测量电阻的外侧安装屏蔽电极、用聚四氟乙烯棒作为测量电阻的绝缘支撑等措施减小电晕电流和泄漏电流。采用评估法获得了分压器在 100 kV 下的分压比,不确定度达到了 2×10^{-6}。德国联邦物理技术研究院还研制了 300 kV 直流电阻分压器,采用评估法获得了 300 kV 下的分压比,不确定度达到了 2.8×10^{-5}。

采用评估法确定分压比的电压系数时,常常会忽略电晕电流和泄漏电流对分压比的影响,主要是定量分析分压器电阻的阻值变化对分压比的影响。分析时,首先通过对单个电阻进行性能测试,获得电阻工作在低电压下时和工作在高电压下时的阻值变化量;然后通过理论分析,得到阻值变化与分压比的函数关系;最后获得分压比的变化量。

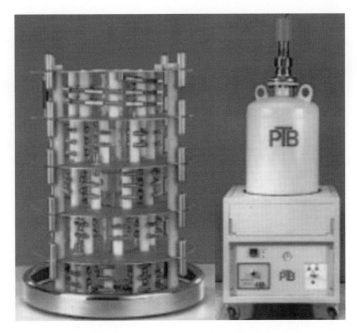

图 5-3　德国联邦物理技术研究院研制的 100 kV 直流电阻分压器

当电压等级较低(不超过 300 kV)时,由于电晕电流和泄漏电流很小,分压比的电压系数主要是由分压器电阻的阻值变化引起的,在这个电压等级下,评估法是适用的。随着电压等级逐渐升高,防止分压器起晕的难度越来越大,而且电压等级越高,电阻数量就越多,绝缘支架旁路的数量也越多,泄漏电流会逐渐增大,电晕电流和泄漏电流将成为影响分压比电压系数的主要原因。用评估法很难评估出电晕电流和泄漏电流对分压比的影响量,因此更高电压等级下的分压比溯源需要采用其他方法。

5.2.2　泄漏电流测量法

泄漏电流测量法在获得被测分压器电阻比的基础上,通过测量分压器的输入电流值和输出电流值,得到分压器的泄漏电流值,然后根据泄漏电流的大小,确定工作电压下的分压比变化量,即根据泄漏电流获得分压比的电压系数,从而得到工作电压下被测分压器的分压比。

澳大利亚国家计量研究院研制的 150 kV 直流分压器被加拿大、日本、韩国、泰国、新加坡等多个国家选作直流电压比例标准器,其外形如图 5-4(a)所示,分压器只有测量层,测量电阻呈螺旋形从上至下排布,露置在空气中利用空气散热,单只测量电阻外使用金属屏蔽罩以防止电晕。多节 150 kV 直流分压器串联后,可以作为更高电压等级的分压器使用,图 5-4(b)所示的就是由 7 节 150 kV 直流分压器串联起来得到的 1000 kV 直流分压器。

（a）150 kV 直流分压器　　　　　　　　（b）1000 kV 直流分压器

图 5-4　澳大利亚国家计量研究院研制的直流分压器

　　该分压器使用的是电压系数和温度系数都很小的金属薄膜电阻,并且经过筛选、匹配电阻,使分压器在不同电压下的整体阻值变化量接近于零,同时,通过电场优化设计,减小电晕电流,使得电晕电流对分压比的影响可以忽略,因此认为,该分压器的分压比变化主要由泄漏电流引起。

　　测量分压器的输入电流和输出电流,通过式(5-18)可以得到分压器因泄漏电流影响而引起的输出电压相对变化量:

$$\Delta V/V = \left(\frac{I_{\text{out}} - I_{\text{in}}}{2}\right)\Big/ I_{\text{out}} \tag{5-18}$$

式中,$\Delta V/V$ 为分压器的输出电压相对变化量,I_{out} 为测量得到的分压器输出电流,I_{in} 为测量得到的分压器输入电流。

　　根据测量结果计算得到:单台 150 kV 直流分压器在低电压和工作电压下的输出电压相对变化不超过 5 μV/V;而由 7 节 150 kV 直流分压器串联而成的 1000 kV 直流分压器在低电压和工作电压下的输出电压相对变化则达到了 100 μV/V。澳大利亚国家计量研究院还将 150 kV 直流分压器与德国联邦物理技术研究院的 100 kV 直流电阻分压器进行了比对,结果显示分压比的相对偏差小于 2×10^{-6}。

5.2.3　直流电压加法

　　实施常规直流电压加法的分压器组如图 5-5 所示,其中,1♯、2♯、3♯分压器为辅助分压器,4♯分压器为被测的标准分压器。1♯分压器单独使用时,高压臂电阻为 R_1,低压臂电阻为 R_2;2♯分压器单独使用时,高压臂电阻为 (R_3+R_4'),低压臂电阻为 R_4;将 1♯和 2♯分压器串联起来组成 3♯分压器使用时,高压臂电阻为 $(R_1+R_2+R_3)$,低压臂电阻为 $(R_4'+R_4)$;4♯分压器的高压臂电阻为 R_5,低压臂电阻为 R_6。其中,$R_1=(R_3+R_4')=R_5/2$,$R_2=R_4=R_4'=R_6/2$。故 1♯、2♯、3♯、4♯分压器的额定分压比相同,且 1♯和 2♯分压器的额定电压是 3♯和 4♯分压器的 1/2。

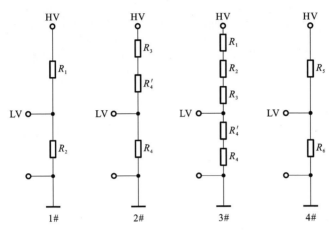

图 5-5 实施常规直流电压加法的分压器组

常规直流电压加法试验的实施需四步:① 在 1♯和 4♯分压器上施加直流电压 U,以 1♯分压器为参考标准,测量 R_2 和 R_6 上电压的相对误差,记为 $\varepsilon_a(U)$;② 在 2♯和 4♯分压器上施加直流电压 U,以 2♯分压器为参考标准,测量 R_4 和 R_6 上电压的相对误差,记为 $\varepsilon_b(U)$;③ 在 3♯和 4♯分压器上施加直流电压 $2U$,以 3♯分压器为参考标准,测量 $(R_4'+R_4)$ 和 R_6 上电压的相对误差,记为 $\varepsilon_c(2U)$;④ 使 1♯和 2♯分压器工作在直流电压 U 下,测量电阻 R_4' 和电阻 R_2 的电压系数差值 $\dfrac{\alpha_{4'}(U)-\alpha_2(U)}{2}$,记为 $\varepsilon_d(U)$。

用 β_4 表示 4♯分压器分压比倒数的电压系数,经过推导可得

$$\beta_4(2U)-\beta_4(U)=[\varepsilon_c(2U)-\varepsilon_c(2U_0)]-\frac{\varepsilon_a(U)-\varepsilon_a(U_0)}{2}-\frac{\varepsilon_b(U)-\varepsilon_b(U_0)}{2}$$

$$+[\beta_4(2U_0)-\beta_4(U_0)]+\frac{\alpha_{4'}(U)-\alpha_{4'}(U_0)}{2}-\frac{\alpha_2(U)-\alpha_2(U_0)}{2}$$

$$(5-19)$$

当选取的电压 U_0 足够小时,可以认为 $\beta_4(2U_0)=\beta_4(U_0)$;还可以选定 $\alpha_{4'}(U_0)=0$,$\alpha_2(U_0)=0$,并令 $\varepsilon_a'(U)=\varepsilon_a(U)-\varepsilon_a(U_0)$,$\varepsilon_b'(U)=\varepsilon_b(U)-\varepsilon_b(U_0)$,$\varepsilon_c'(2U)=\varepsilon_c(2U)-\varepsilon_c(2U_0)$,则式(5-19)可以写为

$$\beta_4(2U)-\beta_4(U)=\varepsilon'_c(2U)-0.5\varepsilon'_a(U)-0.5\varepsilon'_b(U)+\frac{\alpha_{4'}(U)-\alpha_2(U)}{2} \quad (5\text{-}20)$$

电阻 R'_4 和电阻 R_2 的电压系数差值 $\dfrac{\alpha_{4'}(U)-\alpha_2(U)}{2}$ 的测量线路如图 5-6 所示。测量时以 U_a-U_b 确定 ΔU 的极性并施加实际工作电压 U。为便于测量,选取 R_a 与 R_b 的名义值和 R'_4 及 R_2 相同。记 $\varepsilon_d(U)=\dfrac{\Delta U}{U_2}$,经推导得到下式:

$$\varepsilon_d(U)-\varepsilon_d(U_0)=\frac{\alpha_{4'}(U)-\alpha_2(U)}{2} \quad (5\text{-}21)$$

将式(5-21)代入式(5-20),并令 $\varepsilon'_d(U)=\varepsilon_d(U)-\varepsilon_d(U_0)$,可以得到

$$\beta_4(2U)-\beta_4(U)=\varepsilon'_c(2U)-0.5\varepsilon'_a(U)-0.5\varepsilon'_b(U)+\varepsilon'_d(U) \quad (5\text{-}22)$$

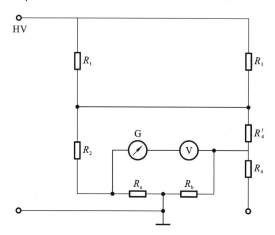

图 5-6 R'_4 和 R_2 电压系数差值的测量线路

常规直流电压加法中使用的分压器组结构比较复杂,基于该分压器组推导出来的分压比电压系数的计算公式中有 4 个变量,每个变量都需要在不同电压下进行测量,而且 $\varepsilon'_d(U)$ 的测量线路和其他三个的不同,因此,用常规直流电压加法进行分压比电压系数的评定时,测量试验的工作量很大。随着测量电压的升高,测量的准确度水平逐渐降低。尤其是进行 $\varepsilon'_d(U)$ 的测量时,由于测量中所用的参考电阻 R_a 与 R_b 很难满足高准确度测量的要求,而且测量线路比较复杂,测量结果容易受外界环境的影响,导致 $\varepsilon'_d(U)$ 的测量准确度水平较低。在合成不确定度时,各变量的测量不确定度累加,使不确定度水平进一步降低。因此,在高电压等级下,用常规直流电压加法评定分压比的电压系数,不仅工作量大,而且很难获得较高的不确定度水平。

5.2.4 改进型直流电压加法

对分压器组的模型进行优化,优化后的分压器组如图 5-7 所示。其中,1#、2#、

3#分压器为辅助分压器,4#分压器为被测的标准分压器,R_1、R_3、R_5为各分压器的高压臂,R_2、R_4、R_6为各分压器的低压臂,且有 $2R_1 = 2R_3 = R_5$、$2R_2 = 2R_4 = R_6$,故 1#、2#、3#、4#分压器的额定分压比相同,且 1#和 2#分压器的额定电压是 3#和 4#分压器的 1/2。采用优化后的分压器组评定分压比的电压系数分三步:首先,在电压 U 下,用 1#分压器校准 4#分压器,记为试验 a;然后,在电压 U 下,用 2#分压器校准 4#分压器,记为试验 b;最后,在电压 $2U$ 下,用 3#分压器校准 4#分压器,记为试验 c。试验 a、b、c 的校准线路如图 5-8 所示,三次试验分别以 1#、2#、3#分压器为标准分压器,以 4#分压器为被测分压器。

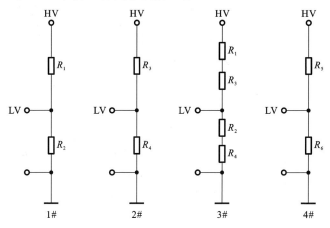

图 5-7　优化后的分压器组

1#分压器在电压 U 下的分压比为 $K_1(U)$,令

$$Q_1(U) = \frac{1}{K_1(U)} = \frac{R_{20}[1+\alpha_2(U)]}{R_{10}[1+\alpha'_1(U)]+R_{20}[1+\alpha_2(U)]}$$

(5-23)

因 $R_{20} \ll R_{10}$,则有

$$Q_1(U) \approx \frac{R_{20}}{R_{10}+R_{20}} \frac{1+\alpha_2(U)}{1+\alpha'_1(U)}$$

$$\approx \frac{R_{20}}{R_{10}+R_{20}}[1-\alpha'_1(U)+\alpha_2(U)]$$

$$= Q_{10}[1+\beta_1(U)]$$

(5-24)

式中,Q_{10} 为 1#分压器在电压 U_0 下的分压比的倒数,$\beta_1(U)$ 为 1#分压器分压比倒数的电压系数。通过相同的推导,有

$$Q_2(U) \approx \frac{R_{40}}{R_{30}+R_{40}}[1-\alpha'_3(U)+\alpha_4(U)]$$

$$= Q_{20}[1+\beta_2(U)]$$

(5-25)

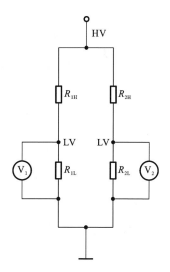

图 5-8　试验 a、b、c 的校准线路

$$Q_3(2U) \approx \frac{R_{20}+R_{40}}{R_{10}+R_{20}+R_{30}+R_{40}} \left[1 - \frac{\alpha'_1(U)+\alpha'_3(U)}{2} + \frac{\alpha_2(U)+\alpha_4(U)}{2}\right]$$

$$= Q_{30}[1+\beta_3(2U)] \tag{5-26}$$

$$Q_4(2U) \approx \frac{R_{60}}{R_{50}+R_{60}}[1-\alpha'_5(2U)+\alpha_6(2U)] = Q_{40}[1+\beta_4(2U)] \tag{5-27}$$

设 $\varepsilon_a(U)$ 为试验 a 在电压 U 下的相对误差测量结果,则有

$$\varepsilon_a(U) = \frac{\Delta U}{u} \approx \frac{UQ_4(U)-UQ_1(U)}{UQ_4(U)} = 1 - \frac{Q_1(U)}{Q_4(U)}$$

$$\approx 1 - \frac{Q_{10}}{Q_{40}} - \beta_1(U) + \beta_4(U) \tag{5-28}$$

类推可得试验 b 在电压 U 下和试验 c 在电压 $2U$ 下的相对误差测量结果:

$$\varepsilon_b(U) \approx 1 - \frac{Q_{20}}{Q_{40}} - \beta_2(U) + \beta_4(U) \tag{5-29}$$

$$\varepsilon_c(2U) \approx 1 - \frac{Q_{30}}{Q_{40}} - \beta_3(2U) + \beta_4(2U) \tag{5-30}$$

为便于推导,令

$$\delta_a(2U) = \varepsilon_a(2U) - \varepsilon_a(U) = \beta_4(2U) - \beta_4(U) - [\beta_1(2U) - \beta_1(U)] \tag{5-31}$$

$$\delta_b(2U) = \varepsilon_b(2U) - \varepsilon_b(U) = \beta_4(2U) - \beta_4(U) - [\beta_2(2U) - \beta_2(U)] \tag{5-32}$$

$$\delta_c(4U) = \varepsilon_c(4U) - \varepsilon_c(2U) = \beta_1(4U) - \beta_1(2U) - [\beta_3(4U) - \beta_3(2U)] \tag{5-33}$$

进一步可得

$$\beta_3(2U) = \frac{\alpha_2(U)+\alpha_4(U)}{2} - \frac{\alpha'_1(U)+\alpha'_3(U)}{2} = \frac{\beta_1(U)+\beta_2(U)}{2} \tag{5-34}$$

由式(5-34)得

$$\beta_3(4U) - \beta_3(2U) = \frac{\beta_1(2U)+\beta_2(2U)}{2} - \frac{\beta_1(U)+\beta_2(U)}{2} \tag{5-35}$$

将式(5-31)和式(5-32)相加,得

$$\frac{\delta_a(2U)+\delta_b(2U)}{2} = \beta_4(2U) - \beta_4(U) - \frac{\beta_1(2U)-\beta_1(U)}{2} - \frac{\beta_2(2U)-\beta_2(U)}{2}$$

$$\tag{5-36}$$

根据式(5-35)和式(5-36)可得

$$\beta_3(4U) - \beta_3(2U) = \beta_4(2U) - \beta_4(U) - \frac{\delta_a(2U)+\delta_b(2U)}{2} \tag{5-37}$$

联立式(5-33)和式(5-37),得

$$\beta_4(4U) - \beta_4(2U) = \delta_c(4U) + [\beta_3(4U) - \beta_3(2U)]$$

$$= \delta_c(4U) + \beta_4(2U) - \beta_4(U) - \frac{\delta_a(2U)+\delta_b(2U)}{2} \tag{5-38}$$

用式(5-38)递推可得

$$[\beta_4(4U)-\beta_4(2U)]+[\beta_4(2U)-\beta_4(U)]+\cdots+[\beta_4(4U_0)-\beta_4(2U_0)]$$

$$=\delta_c(4U)+\delta_c(2U)+\cdots+\delta_c(4U_0)-\frac{1}{2}[\delta_a(2U)+\delta_a(U)+\cdots+\delta_a(2U_0)]$$

$$-\frac{1}{2}[\delta_b(2U)+\delta_b(U)+\cdots+\delta_b(2U_0)]+\{[\beta_4(2U)-\beta_4(U)]+\cdots$$

$$+[\beta_4(2U_0)-\beta_4(U_0)]\} \tag{5-39}$$

根据式(5-31)、式(5-32)和式(5-33),将式(5-39)化简为

$$\beta_4(4U)-\beta_4(2U_0)=[\beta_4(2U)-\beta_4(U_0)]+[\varepsilon_c(4U)-\varepsilon_c(2U_0)]$$

$$-\frac{\varepsilon_a(2U)-\varepsilon_a(U_0)}{2}-\frac{\varepsilon_b(2U)-\varepsilon_b(U_0)}{2} \tag{5-40}$$

整理得

$$\beta_4(2U)-\beta_4(U)=[\varepsilon_c(2U)-\varepsilon_c(2U_0)]-\frac{\varepsilon_a(U)-\varepsilon_a(U_0)}{2}-\frac{\varepsilon_b(U)-\varepsilon_b(U_0)}{2}$$

$$+[\beta_4(2U_0)-\beta_4(U_0)] \tag{5-41}$$

当选取的电压 U_0 足够小时,可以认为 $\beta_4(2U_0)=\beta_4(U_0)$,令 $\varepsilon'_a(U)=\varepsilon_a(U)-\varepsilon_a(U_0)$,$\varepsilon'_b(U)=\varepsilon_b(U)-\varepsilon_b(U_0)$,$\varepsilon'_c(2U)=\varepsilon_c(2U)-\varepsilon_c(2U_0)$,则式(5-41)可以写成:

$$\beta_4(2U)-\beta_4(U)=\varepsilon'_c(2U)-0.5\varepsilon'_a(U)-0.5\varepsilon'_b(U) \tag{5-42}$$

当电压从 U 升高到 $2U$ 时,将试验 a、b、c 测量得到的数据代入式(5-42),就可以计算出 4♯分压器的分压比倒数的电压系数。

根据式(5-41)和式(5-42)进行计算,可以得到 4♯分压器的分压比 $K_4(U)$ 和电压系数 $\gamma_4(U)$,即

$$K_4(U)=\frac{1}{Q_4(U)}\approx\frac{1}{Q_{40}[1+\beta_4(U)]}\approx\frac{1}{Q_{40}}[1-\beta_4(U)]$$

$$=K_{40}[1+\gamma_4(U)] \tag{5-43}$$

$$\gamma_4(U)=-\beta_4(U) \tag{5-44}$$

依据优化后的分压器组模型推导出来的分压比电压系数的计算公式中只有三个变量。这三个变量的测量电路相同,且测量电路的接线简单,通过使用高准确度(高精度)数字万用表和应用同步测量技术,能够大大提高测量的准确度水平。因此,采用优化后的方法评定分压比的电压系数,不仅大大减小了工作量,而且能够获得较高的准确度水平。

5.3　其他方法

除了前文所述方法外,国际上还提出了一些其他方法,但是这些方法都有一些比较明显的局限性。

1. 接入法

使用两台相同的分压器,首先将分压器 A 连接至高电压,当分压器 A 达到热平衡后,再将分压器 B 连接至该电压下,并连续测量两台分压器低压输出的差值。由于分压器 A 已进入热平衡状态,两台分压器低压输出差值的变化量可以认为都是来自分压器 B 的自热效应。用这种方法可以分析分压器 B 的分压比电压系数中由电阻的热效应所带来的分量。

这种方法的缺陷是,对于没有电容旁路的纯电阻分压器,直接接入高电压的暂态过程将带来附加的测量误差,甚至可能损坏分压器和电源。而且对于充油型分压器,由于其进入热平衡状态需要很长时间,可操作性不强。

2. 比较法

使用三台相同的分压器,将分压器 A 和分压器 B 串联后,与分压器 C 进行比较。理论依据认为,分压器 A 和分压器 B 均工作在50%额定电压下,电压系数较小,因此测量得到的电压系数主要来源于分压器 C。

虽然分压器在其50%额定电压下的电压系数较小,但是并不能完全忽略。采用这种方法对分压比的电压系数进行粗略验证是可行的,但是直接用这种方法确定分压比的电压系数,目前还没有得到认可。而且采用这种方法,需要三台相同的分压器,并且还要将其中两台串联,这在电压等级很高(800 kV 及以上电压等级)时实现难度太大。

3. 标准臂插入法

利用替代思想在高压下测量分压比的电压系数,原理图如图5-9所示。图中,R'_A 和 R'_B 组成被测高压分压器,R_A 和 R_B 组成平衡高压分压器,R_C 和 R_D 组成中压分压器,G 为检流计,K 为中压开关。自校时,需对桥路进行两次调平衡。

第一次平衡:K 闭合时,调节 R_B 使 G 指零,此时桥路平衡,则有

$$\frac{R_A}{R_B}=\frac{R'_A}{R'_B} \tag{5-45}$$

第二次平衡:K 断开时,调节 R_D 使 G 指零,此时桥路平衡,则有

$$\frac{R_A+R_C}{R_B+R_D}=\frac{R'_A}{R'_B} \tag{5-46}$$

由式(5-45)和式(5-46)可得

$$\frac{R'_A+R'_B}{R'_B}=\frac{R_C+R_D}{R_D} \tag{5-47}$$

中压分压器中的 R_C 选用高稳定电阻,而且承受的电压不高,可以认为 R_C 是不变的。在不同电压下进行自校时,R_D 的变化主要是由被测分压器的电压系数引起,根据式(5-47)可以得到被测高压分压器的电压系数。

采用标准臂插入法容易受到高压开关泄漏电流和桥路灵敏度的限制,而且开关的闭合和断开存在暂态过程,容易引起测量误差,甚至会损坏设备。国内使用这种方

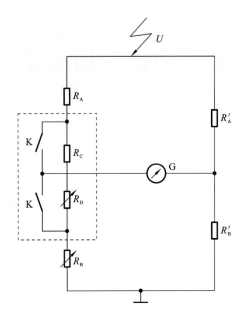

图 5-9 标准臂插入法的原理图

法在 500 kV 下仅能达到 0.1% 的不确定度。

4. 步进法

通过测量两个高压臂电阻的电压系数计算分压器的电压系数,由韩国标准科学研究院提出,并在测量 50 kV 分压器的电压系数中应用,不确定度为 5×10^{-6}。由于测量结果中包含由高压电源不稳引入的不确定度分量,因此要求高压电源在整个测量过程中保持高稳定状态。随着电压等级的升高,这样的电源将难以获得,因此该方法不适合在高电压等级下使用。

第6章 冲击电压计量技术

目前,对于冲击电压测量系统的标定,低压下使用冲击电压校准器进行标定,高压下则较多使用电阻分压器或阻容分压器进行电压峰值和时间参数的标定。本章将介绍冲击电压的波形与关键参数(参量)的计算方法;重点介绍冲击电压校准或标定过程中使用的标准设备(包括标准冲击发生器、电阻分压器、阻容分压器、数字记录仪)的设计原理、结构、测量误差来源等。

6.1 冲击高电压计量关键参量

冲击电压是指迅速上升至峰值然后缓慢下降到零的非周期瞬态电压,包括雷电冲击电压和操作冲击电压。雷电冲击电压是指波头时间小于 20 μs 的冲击电压,是由雷电造成的峰值高、陡度大、作用时间极短的冲击电压。操作冲击电压的波头时间则大于或等于 20 μs,其是在电力系统进行开关操作或发生事故时,系统状态突然变化所引发的峰值较高、作用时间较长的冲击电压。

6.1.1 雷电冲击电压

雷电冲击电压可划分为雷电冲击全波电压和雷电冲击截波电压。

雷电冲击全波电压的波形如图 6-1 所示,其可通过双指数波近似模拟:

$$u(t) = A(e^{-t/\tau_1} - e^{-t/\tau_2}) \tag{6-1}$$

式中,A 为单指数波幅值,τ_1 和 τ_2 分别为波头时间和波尾时间。

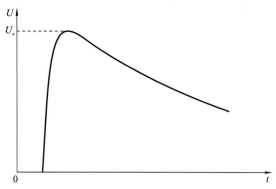

图 6-1 雷电冲击全波电压的波形

标准雷电冲击电压是指波前时间为 1.2 μs,半峰值时间为 50 μs 的冲击电压。

雷电冲击电压具有以下关键参量。

（1）过冲幅值,记录曲线极值和基准曲线最大值之差。

（2）波前时间,试验电压曲线峰值的 30% 和 90% 对应的点之间时间间隔的 1/0.6 倍。

（3）峰值时间,峰值除以平均上升率后得到的时间。

（4）半峰值时间,视在原点与试验电压下降到峰值一半的点之间对应的时间间隔。

（5）平均上升率,曲线峰值的 30% 和 90% 对应的点之间的拟合直线的斜率,通常采用单位 kV/μs。

规定值与实测值之间的偏差有以下要求:波前时间偏差不超过±30%,半峰值时间偏差不超过±20%。

如图 6-2 所示,在开展雷电冲击电压测量试验时,雷电冲击电压试验数据的记录曲线与基准曲线(没有叠加振荡的雷电冲击全波电压的估计曲线)之差为剩余曲线,反映了测量波形与基准波形之间的偏差。

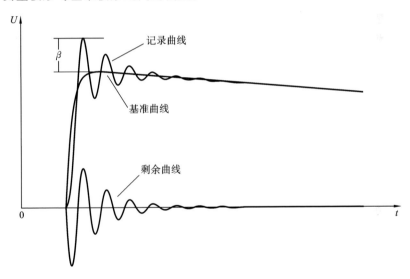

图 6-2 剩余曲线

雷电冲击截波电压是指由破坏性放电导致的电压突然跌落至零的雷电冲击电压,跌落可以发生在波前、波峰或波尾。波前截断的雷电冲击波和波尾截断的雷电冲击波分别如图 6-3、图 6-4 所示。截断时间 T_c 指视在原点与截断瞬时点之间的时间间隔。点 C 和点 D 分别为截断瞬时电压的 70% 和 10% 对应的点,电压跌落的持续时间为点 C 和点 D 之间时间间隔的 1.67 倍,截断瞬时电压与电压跌落持续时间之比为电压跌落的陡度。

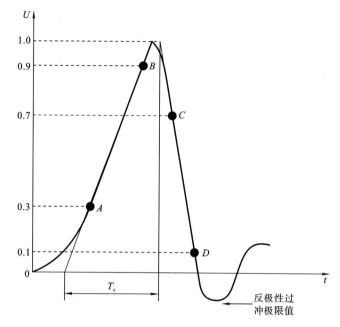

图 6-3　波前截断的雷电冲击波

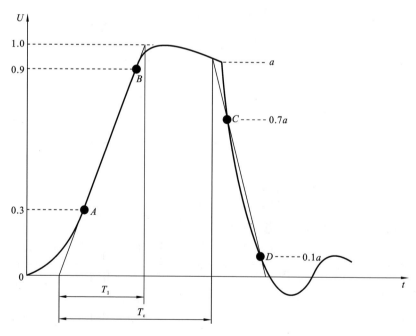

图 6-4　波尾截断的雷电冲击波

雷电冲击试验电压一般是由标准冲击发生器产生的,标准冲击发生器主要由许多电容器组成,先将电容器与直流电源并联完成充电,然后通过多个放电球隙将其串联在回路中,对包含试品在内的回路放电。雷电冲击电压的试验程序有四种,这四种试验程序在试品性质和试验目的不同时分别加以应用。

6.1.2　操作冲击电压

以是否截断为依据,操作冲击电压可划分为操作冲击全波电压和操作冲击截波电压。操作冲击全波电压的波形如图 6-5 所示。

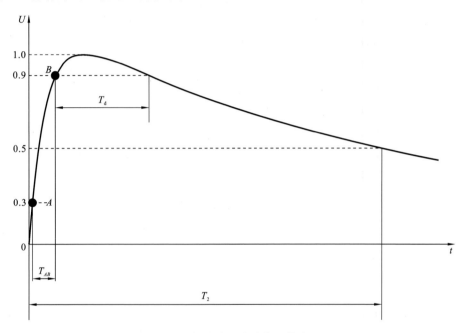

图 6-5　操作冲击全波电压的波形

标准操作冲击电压是指峰值时间为 $250~\mu s$,半峰值时间为 $2500~\mu s$ 的冲击电压。操作冲击电压具有以下关键参量。

（1）试验电压值,操作冲击电压的峰值。

（2）波前时间,原点与操作冲击电压最大值点之间的时间间隔。

（3）半峰值时间,原点与电压第一次衰减到半峰值瞬间点之间的时间间隔。

（4）90％峰值以上的时间,冲击电压超过电压最大值的 90％ 的时间。

规定值与实测值之间的偏差有以下要求:波前时间偏差不超过 ±20％,半峰值时间偏差不超过 ±60％。

操作冲击电压通常也由标准冲击发生器产生,其试验程序与雷电冲击电压的相同。当采用多级法和升降法时,可使用较大的电压级差 ΔU。

6.2 标准冲击发生器

6.2.1 原理

冲击电压测量系统包括高压冲击分压器和二次采集装置（采集设备）。采集设备主要包括数字记录仪和数字示波器，采集设备的最高输入电压一般为 10 V 或 80 V，而电阻分压器的二次输出电压为 $100\sim1000$ V，因此需要在采集卡或示波器前端加装二次衰减器。二次衰减器为由精密高压电阻组成的小型分压器。

采集设备的各项性能直接影响冲击电压信号的测量，因此，IEC 标准和 IEEE 标准对采集设备的各项技术参数，如上升时间、干扰水平、噪声水平垂直分辨率、采样率、带宽等，进行了相关规定。

此外，还应进行峰值（冲击刻度因数）和时间参数的校核，IEEE Std 1122—1987 提出采用标准冲击发生器对采集设备进行峰值和时间参数的校核，并规定了标准冲击发生器的类型及短期（长期）稳定性要求，标准冲击发生器的指标要求如表 6-1 所示。我国的电力行业标准 DL/T 992—2006 也对标准冲击发生器进行了相应规定。

表 6-1 标准冲击发生器的指标要求

波 形	参 数	数值范围	不确定度(95%)/(%)	短期稳定性(10 次以上数据)/(%)
雷电全波/截波	峰值	仪器使用范围内	≤0.7	≤0.2
	波前时间	$0.8\sim0.9\ \mu s$	≤2	≤0.5
	半峰值时间	$55\sim65\ \mu s$	≤2	≤0.2
波前截波	峰值	仪器使用范围内	≤1	≤0.2
	截断时间	$0.45\sim0.55\ \mu s$	≤2	≤1
操作波	峰值	仪器使用范围内	≤0.7	≤0.2
	波前时间	$15\sim3000\ \mu s$	≤2	≤0.2
	半峰值时间	$2600\sim4200\ \mu s$	≤2	≤0.2

由于杂散参数的存在影响冲击电阻分压器对冲击电压波形的响应，目前冲击电阻分压器的暂态响应只能通过阶跃波响应进行确定，但阶跃波响应波形与电阻分压器测量峰值和时间参数的测量误差无直接对应关系。IEC 60060 规定电阻分压器暂态响应参数满足一定条件即可认为其可作为标准冲击发生器使用。电阻分压器的刻度因数可通过测量直流刻度因数或各组件电阻值计算得到。

　　标准冲击发生器在冲击电压量值溯源过程中处于举足轻重的地位,其不确定度水平直接决定冲击电压测量系统的测量不确定度。目前我国尚未建立冲击电压标准测量系统,为了实现冲击信号峰值和时间参数的量值溯源,迫切需要研制高准确度的标准冲击发生器。

　　校准冲击发生器实际上是一个小型的 MAX 发生器,通过电容的充放电,其在负载上产生幅值为 0～1000 V,波前时间和半峰值时间固定的标准雷电冲击电压和标准操作冲击电压,回路上的电感应尽可能小,电阻和电容元件可溯源至国家标准,充电电压可溯源至国家直流标准,可实现峰值参数和时间参数的溯源。

　　图 6-6 所示的为标准冲击发生器原理图。直流电源通过充电电阻 R_0 给主电容 C_1 充一特定电压值,R_{11} 和 R_{12} 组成直流分压器,数字多用表监视 R_{12} 上的电压来判断充电是否完成,充电完毕后,触发回路给主开关 K 提供触发信号,主开关导通,C_1 对负载电容(放电电容)C_2 放电产生冲击电压。标准冲击发生器的输入电容(负载电容)C_L 和输入电阻(负载电阻)R_L 已知,电缆电容 C_c 可测量,回路杂散电感可进行合理估计。冲击电压的峰值电压 U_p、波前时间 T_1、半峰值时间 T_2、峰值时间 T_p 可通过回路元器件计算。

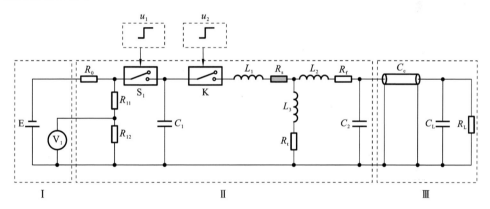

　　E—3000 V 直流电源,V_1—数字多用表,R_0—充电电阻,R_{11}、R_{12}—电压衰减器电阻,

　　C_1—主电容(充电电容),K—MOSFET 开关(主开关),L_1—回路杂散电感,L_2—波头电阻杂散电感,

　　L_3—波尾电阻杂散电感,R_s—回路杂散电阻,R_t—波尾电阻,R_f—波头电阻,

　　C_2—放电电容,C_c—电缆电容,C_L—输入电容,S_1—继电器,

　　R_L—输入电阻;Ⅰ—充电模块,Ⅱ—脉冲形成回路,Ⅲ—负载模块。

图 6-6　标准冲击发生器原理图

　　图 6-7 所示的为冲击参数计算等效电路,图中将放电电容、电缆电容及输入电容进行合并,即 $C_b = C_2 + C_c + C_L$,使用拉普拉斯变换可得到如式(6-2)所示的矩阵方程,采用解析的方法可得到输出冲击电压波形的 U_p、T_1、T_2、T_p 等参数。

　　根据回路,利用电路基本公式和拉普拉斯变换,可得到如下方程:

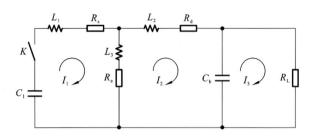

$$\begin{bmatrix} 1/sC_1+s(L_1+L_3)+R_s+R_e & -R_e-sL_3 & 0 \\ -R_e-sL_3 & R_e+R_d+1/sC_b+s(L_2+L_3) & -1/sC_b \\ 0 & -1/sC_b & 1/sC_b+R_L \end{bmatrix}\begin{bmatrix} I_1 \\ I_2 \\ I_3 \end{bmatrix}$$

$$=\begin{bmatrix} U_c/s \\ 0 \\ 0 \end{bmatrix} \tag{6-2}$$

$$\begin{aligned} I_3 = & (C_1U_c(R_e+L_3 \cdot s))/(R_L+R_d+R_e+L_2 \cdot s+L_3 \cdot s+C_1L_1L_2 \cdot s^3 \\ & +C_1L_1L_3 \cdot s^3+C_1L_2L_3 \cdot s^3+C_1L_1R_L \cdot s^2+C_1L_3R_L \cdot s^2 \\ & +C_1L_1R_d \cdot s^2+C_1L_3R_d \cdot s^2+C_1L_1R_e \cdot s^2+C_1L_2R_e \cdot s^2 \\ & +C_1L_2R_s \cdot s^2+C_1L_3R_s \cdot s^2+C_bL_2R_L \cdot s^2+C_bL_3R_L \cdot s^2 \\ & +C_1R_LR_e \cdot s+C_1R_LR_s \cdot s+C_1R_dR_e \cdot s+C_1R_dR_s \cdot s+C_1R_eR_s \cdot s \\ & +C_bR_LR_d \cdot s+C_bR_LR_e \cdot s+C_1C_bL_1L_2R_L \cdot s^4+C_1C_bL_1L_3R_L \cdot s^4 \\ & +C_1C_bL_2L_3R_L \cdot s^4+C_1C_bL_1R_LR_d \cdot s^3+C_1C_bL_3R_LR_d \cdot s^3 \\ & +C_1C_bL_1R_LR_e \cdot s^3+C_1C_bL_2R_LR_e \cdot s^3 \\ & +C_1C_bL_2R_LR_s \cdot s^3+C_1C_bL_3R_LR_s \cdot s^3+C_1C_bR_LR_dR_e \cdot s^2 \\ & +C_1C_bR_LR_dR_s \cdot s^2+C_1C_bR_LR_eR_s \cdot s^2) \tag{6-3} \end{aligned}$$

令输出电压 $U_o=R_LI_3$，可得：

$$U_o(s)=U_c \frac{e(s+f)}{s^4+as^3+bs^2+cs+d} \tag{6-4}$$

$$a=C_1C_bL_1L_2R_L+C_1C_bL_1L_3R_L+C_1C_bL_2L_3R_L$$

$$\begin{aligned} b= & C_1L_1L_2+C_1L_1L_3+C_1L_2L_3+C_1C_bL_1R_dR_L+C_1C_bL_3R_dR_L \\ & +C_1C_bL_1R_eR_L+C_1C_bL_2R_eR_L+C_1C_bL_2R_LR_s+C_1C_bL_3R_LR_s \end{aligned}$$

$$\begin{aligned} c= & C_1L_1R_d+C_1L_3R_d+C_1L_1R_e+C_1L_2R_e+C_1L_1R_L+C_1L_3R_L \\ & +C_1L_2R_s+C_1L_3R_s+C_bL_2R_L+C_bL_3R_L \\ & +C_1C_bR_dR_eR_L+C_1C_bR_dR_LR_s+C_1C_bR_eR_LR_s \end{aligned}$$

$$\begin{aligned} d= & L_2+L_3+C_1R_dR_e+C_1R_eR_L+C_1R_dR_s+C_1R_eR_s \\ & +C_1R_LR_s+C_bR_dR_L+C_bR_eR_L \end{aligned}$$

$$e = R_d + R_e + R_L$$
$$f = C_1 L_3 R_L U_c$$
$$g = C_1 R_e R_L U_c$$

可见输出电压为 4 阶的拉普拉斯多项式,可分解为

$$U_o(s) = \frac{a_1}{s-s_1} + \frac{a_2}{s-s_2} + \frac{a_3}{s-s_3} + \frac{a_4}{s-s_4} \tag{6-5}$$

对其作反拉普拉斯变换:

$$u_o(t) = a_1 e^{s_1 t} + a_2 e^{s_2 t} + a_3 e^{s_3 t} + a_4 e^{s_4 t} \tag{6-6}$$

计算结果是一条四次曲线,对于所有的非振荡冲击,s_1、s_2、s_3 恒为负,这就使四次曲线呈现为衰减状态。这种情况下,求解峰值时间 T_p 需要用到牛顿迭代法。同样,令电压的导数为零,有

$$u'_o(t) = s_1 a_1 e^{s_1 t} + s_2 a_2 e^{s_2 t} + s_3 a_3 e^{s_3 t} + s_4 a_4 e^{s_4 t} = 0 \tag{6-7}$$

$$u''_o(t) = s_1^2 a_1 e^{s_1 t} + s_2^2 a_2 e^{s_2 t} + s_3^2 a_3 e^{s_3 t} + s_4^2 a_4 e^{s_4 t} \tag{6-8}$$

采用牛顿迭代法可计算一阶导数的零点:

$$t_{i+1} = t_i - \frac{u'(t_i)}{u''(t_i)} \tag{6-9}$$

用迭代法计算出峰值时间 T_p,将 T_p 代入,可得峰值电压。

要确定时间参数 T_1、T_2,必须要确定峰值电压的 30%、50%、90% 对应的点。即令 $U_0(t_{30}) = 0.3U_0$,$U_0(t_{90}) = 0.9U_0$,$U_0(t_{50}) = 0.5U_0$,利用牛顿迭代法,选取合适的初始值,即可求得 t_{30}、t_{50}、t_{90},再求出 t'_{50}。对雷电冲击电压而言,波形参数为

$$U_p = U_0, \quad T_1 = \frac{5}{3}(t_{90} - t_{30}), \quad T_2 = (t'_{50} - t_{50}) \tag{6-10}$$

选定特定组合的电阻电容器,可产生特定参数的波形。

6.2.2　标准冲击发生器的研制

根据带载能力的不同,标准冲击发生器分为高阻抗的和低阻抗的两类,高阻抗标准冲击发生器带载能力弱,主要用于校准数字记录仪和示波器等入口电阻大、电容小的仪器设备,低阻抗标准冲击发生器可直接将几 kΩ 的电阻分压器作为负载接入,可用于校准整个冲击电压测量系统的时间和峰值参数。下面对低阻抗标准冲击发生器输出电压波形参数的不确定度进行评价。

表 6-2 所示的为标准冲击发生器回路参数表,负载电容 C_L 和负载电阻 R_L 可为实际并联电容和负载电阻,借助 Matlab 进行编程,可计算各参数对 U_p、T_1、T_2 的灵敏度。

在进行如表 6-2 所示的灵敏度分析时,存在一个假设的前提,即元器件参数在 ±1% 范围内变化时,输出波形参数的相对变化是线性的。由于采用的元器件均是高精度和高稳定度器件,它们的不确定度远小于 1%,故可近似认为在很小的变化范围内波形参数是线性变化的。

表 6-2   标准冲击发生器回路参数表

序号	元器件	标称值	灵敏度/（%/%）		
			U_p	T_1	T_2
1	C_1	976.1553nF	0.03554	0.0767	0.9458
2	C_2	9.670187nF	−0.03557	0.9173	0.05363
3	R_f	53.93556Ω	−0.02677	0.9388	0.04531
4	R_t	81.9043 Ω	0.03196	0.06764	0.949
5	R_L	1 MΩ	0.00005358	0.0000548	0.00008035
6	C_L	144 pF	−0.0005138	0.01324	0.0007743
7	R_s	0.05 Ω	−0.00036	0.00056	0.00037
8	L_1	180 nH	−1.982e−06	6.116e−05	3.468e−06
9	L_2	80 nH	−7.584e−07	2.680e−05	1.409e−06
10	L_3	120 nH	−1.744e−07	1.402e−08	1.711e−07
11	U_c	100 V	1	0	0

1. 电容 C_1 和 C_2 的不确定度分析

电容的测量不确定度评定分量表如表 6-3 所示。

表 6-3   电容的测量不确定度评定分量表

影 响 因 素	评 定 方 法
标准器引入的不确定度分量	B
测量重复性引入的不确定度分量	A
电压系数引入的不确定度分量	B
温度系数引入的不确定度分量	B
稳定性引入的不确定度分量	B

2. 电阻 R_d 和 R_e 的不确定度分析

电阻的测量不确定度的计算方法与电容的一致，表 6-4 所示的为电阻的测量不确定度评定分量表。

3. 电阻 R_L 和电容 C_L 的不确定度分析

标准冲击发生器可以带载阻值为几 kΩ 的冲击电阻分压器，带载情况后文会作分析。当带载数字记录仪时，数字记录仪的参数则由其自身决定，按 B 类不确定度评定。

表 6-4 电阻的测量不确定度评定分量表

影 响 因 素	评 定 方 法
标准器引入的不确定度分量	B
测量重复性引入的不确定度分量	A
温度系数引入的不确定度分量	B
稳定性引入的不确定度分量	B

4. 杂散电阻 R_s 的不确定度分析

杂散电阻的不确定度与回路的元器件及拓扑结构有关,由于回路中元器件均选择了非常精密的器件,故 R_s 的杂散参数很小。同时通过灵敏度分析可以看出,杂散参数对波形参数的影响很小,几乎可以忽略。回路杂散电阻为电路板引线电阻和开关的导通电阻值,根据开关的技术参数表,其导通电阻在 $30\sim35$ mΩ 之间,扩展不确定度为 10%。

5. 充电电压 U_c 的不确定度分析

充电电压是借助简易的直流分压器测量、计算得到的。测量电压为直流分压输出电压,因为测量直流电压时不存在杂散参数的影响,故

$$U_c = \frac{R_{11} + R_g /\!/ R_{12}}{R_g /\!/ R_{12}} U_m \tag{6-11}$$

由于直流电阻 R_{11} 和 R_{12} 很稳定,R_g 为多用表 HP34401 的内阻,也很稳定,故反馈因数的不确定度很小,可忽略,计算得到其值为 2.27。因此,U_c 的不确定度主要由测量到的电压 U_m 决定,而 U_m 的不确定度则是由测量表自身的准确度决定的。

综上可以得到标准冲击发生器输出波形参数的不确定度,如表 6-5 所示。从表中可以看出,峰值电压 U_p 的不确定度为 $1.2\times10^{-4}(k=2)$,波前时间 T_1 的不确定度为 $2\times10^{-3}(k=2)$,半峰值时间 T_2 的不确定度为 $1.5\times10^{-3}(k=2)$。

表 6-5 标准冲击发生器不确定度分量表(LI 1.56/60)

元件	相对不确定度/(%)	U_p的不确定度评定		T_1的不确定度评定		T_2的不确定度评定	
		灵敏度/(%/%)	不确定度/(%)	灵敏度/(%/%)	不确定度/(%)	灵敏度/(%/%)	不确定度/(%)
C_1	0.144	0.0355	0.0051	0.077	0.0111	0.946	0.13622
C_2	0.116	-0.0356	-0.0041	0.917	0.1064	0.0536	0.00622
R_d	0.096	-0.0268	-0.00257	0.939	0.09015	0.0453	0.00435
R_e	0.095	3.20e−02	3.04e−03	6.80e−02	6.46e−03	9.49e−01	3.20e−02
R_L	10	5.00e−05	5.00e−04	6.00e−05	6.00e−04	8.00e−05	5.00e−05

元件	相对不确定度 /(%)	U_p 的不确定度评定		T_1 的不确定度评定		T_2 的不确定度评定	
		灵敏度 /(%/%)	不确定度 /(%)	灵敏度 /(%/%)	不确定度 /(%)	灵敏度 /(%/%)	不确定度 /(%)
C_L	1	−5.00e−04	−5.00e−03	1.30e−02	1.30e−01	7.70e−04	−5.00e−04
R_s	10	−3.60e−04	−3.60e−03	5.60e−04	5.60e−03	3.70e−04	−3.60e−04
L_1	10	−1.98e−06	−1.98e−05	6.12e−05	6.12e−04	3.47e−06	3.47e−05
L_2	10	−7.58e−07	−7.58e−06	2.68e−05	2.68e−04	1.41e−06	1.41e−05
L_3	10	−1.74e−07	−1.74e−06	1.40e−08	1.40e−07	1.71e−07	1.71e−06
U_c	0.0078	1	0.0078	—	—	—	—
$k=2$		—	0.012		0.2	—	0.15

6.3　电阻分压器

电阻分压器的高压臂和低压臂均为电阻,其阻值较稳态测量用电阻的小得多。电阻分压器的高压臂通常由优质电阻丝在螺线管上绕制而成。电阻分压器的电阻元件都存在固有电感。常常通过在螺线管上正反绕制温度系数小的电阻丝(康铜丝)减小高压臂的电感值。另外,元件对地存在杂散电容,各元件之间也存在杂散电容,其中,元件对地杂散电容是分压器测量结果的主要误差来源。

电阻分压器的测量原理图如图 6-8 所示,基于纯电阻分压器,分压比可通过电阻参数进行计算,由于电阻分压器自身的杂散参数对分压器的频率特性有影响,因此其对冲击电压的响应并不是理想的,式(6-12)表示电阻分压器的测量误差,其中,$U_{in}(\tau)$ 为被测冲击电压,$\Delta\varepsilon$ 为其他影响因素引起的误差,比如电磁场干扰、温度等引起的误差。电阻分压器响应时间越长,被测波形越陡,分压器响应的畸变越大,峰值电压和时间参数的测量误差越大。

$$\varepsilon = \frac{1}{N_1 N_2} \int_0^t U_{in}(\tau)[g'(t-\tau)-1]d\tau + \Delta\varepsilon \qquad (6-12)$$

电阻分压器的电阻一般使用线绕电阻,由于杂散参数对分压器高频特性的影响不可忽略,因此,电阻分压器等效电路图如图 6-9 所示,将电阻分压器分为 n 个相同的单元,电阻分压器的阶跃波响应见式(6-13)。

$$g(t) = 1 + 2e^{-\alpha t} \sum_{k=1}^{\infty} (-1)^k \frac{\cosh(b_k t) + \dfrac{\alpha}{b_k}\sinh(b_k t)}{1 + \dfrac{C_p}{C_e}k^2\pi^2} \qquad (6-13)$$

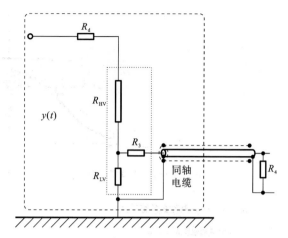

R_d—阻尼电阻；R_{HV}—高压臂电阻；R_{LV}—低压臂电阻；

R_3—前端匹配电阻；R_4—末端匹配电阻

图 6-8　电阻分压器的测量原理图

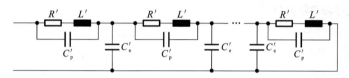

R'—单元电阻；L'—单元杂散电感；

C'_p—单元并联杂散电容；C'_e—单元对地杂散电容

图 6-9　电阻分压器等效电路图

其中，$\alpha = \dfrac{R}{2L}$，$b_k = \sqrt{\alpha^2 - \dfrac{k^2\pi^2}{LC_e\left(1+\dfrac{C_p}{C_e}\right)}}$，$R=nR'$，$L=nL'$，$C_p=C'_p/n$，$C_e=nC'_e$。

对于双线并绕的线绕电阻，电感值随着电阻值的增加而增加，电感时间常数 L/R 趋于一个常数。如图 6-10 所示，L/R 不变，随着 R 的改变，单位阶跃响应会发生变化，从图中可以看出，电阻值较小时，电感的影响较大，在峰值处存在较大的过冲。随着电阻的增加（增加至 10 kΩ 左右），电阻阻尼了振荡，电阻分压器的响应时间主要取决于对地电容的时间常数。

IEC 中推荐使用三种不同接线方式的阶跃波响应试验线路。接线方式对阶跃波响应波形的影响较小。

三角形接线方法中，高压引线在一定程度上削弱了电阻分压器本体的对地电容，但其补偿作用可忽略。高压均压环能有效补偿分压器高压臂的对地电容，减小测量系统的部分响应时间和试验响应时间，但均压环的补偿效果越强，对地电容减小，杂

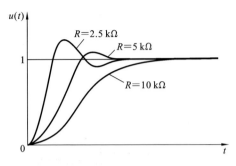

图 6-10　单位阶跃波响应的变化

散电感的影响增大,响应波形的过冲增大。阻尼电阻可有效阻尼回路中电感的作用,减小阶跃波响应的过冲并抑制某些高频振荡。低压臂电阻处串联小电感,可以减小分压器的试验响应时间,但对部分响应波形的改善较小。

电阻型冲击电压分压器按照结构可分为集中式电阻分压器和分段式电阻分压器,如图 6-11 所示。图 6-11(a)所示的为集中式电阻分压器,为改善冲击电压分压器的高频响应特性,将集中的高压线绕电阻置于绝缘内筒上以减小电阻对地杂散电容,从而大幅度减小分压器的响应时间。由于对地杂散电容非常小,因此不需要增加高压均压环进行电容补偿。由于电阻两端一般具有小型的均压环,因此,为了保证绝缘裕度,电压等级提高,分压器的直径应相应增大,额定电压一般小于 1000 kV。图 6-11(b)所示的为分段式电阻分压器,其高压电阻贯穿整个分压器,直径小,电压等级主要受电阻丝自身绝缘的限制。缺点是高压电阻的高度高,对地杂散电容大,需要在高压段增加均压环进行对地杂散电容补偿。日本研制的标准电阻分压器就采用了该结构,为了改善分压器的高频特性,将高压电阻进行分段,从高压端到地端,相同长度的电阻对应的阻值逐渐减小。

制作电阻分压器的高压臂、低压臂的常用方法为将电阻丝绕制在绝缘杆上,要求电阻丝电阻率高,温度系数小,如在镍铬基精密合金的基础上添加 Al、Fe、Cu 元素。典型卡玛丝的特性参数为:电阻率为 $1.33\ \mu\Omega\cdot m$,密度为 $8.1\ g/cm^3$,使用温度为 $-65\sim125\ ℃$,比热容为 $0.46\ J/(g\cdot K)$。

对于用于测量雷电冲击电压的标准分压器,目前各国计量院主要采用电阻分压器和阻容串联分压器,例如 PTB 使用由高压电阻和高压陶瓷电容组成的阻容串联分压器,其主要技术限制为高压陶瓷电容的温度系数约为 $2\times10^{-4}/℃$,受温度的影响较大。另外,使用阻容分压器测量冲击波前截断电压时,时间参数较小。因此,我国使用电阻分压器作为标准分压装置。使用温度系数小于 $1\times10^{-5}/℃$ 的卡玛丝绕制高压电阻。图 6-12 所示的为绕线方式,图 6-12(a)所示的为双螺旋绕制方式,适合手工绕制;图 6-12(b)所示的为分层绕制方式,先顺时针绕制一层电阻,

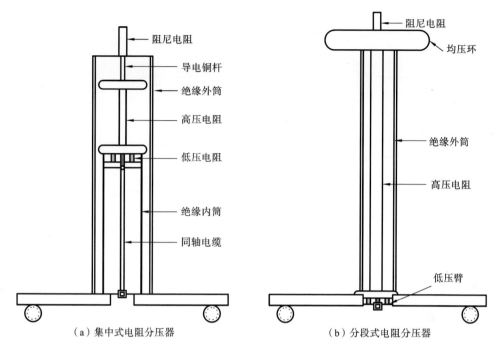

（a）集中式电阻分压器　　　　　　　　（b）分段式电阻分压器

图 6-11　电阻型冲击电压分压器

然后使用绝缘漆/膜将电阻丝表面填平，其后在绝缘漆/膜上逆时针绕制一层电阻。

由于冲击放电的过程很快，因此，电阻丝消耗能量的过程可按绝热过程考虑。每米电阻丝电阻的计算如式（6-14）所示。

$$R_0 = \frac{4\rho l}{\pi d^2} \tag{6-14}$$

能量的计算公式为

$$W = \frac{\nu \cdot l\pi d^2 C_{\mathrm{m}} t}{4} \tag{6-15}$$

式中，W 为能量（J）；ν 为电阻丝密度（g/cm³）；l 为电阻丝长度（cm）；d 为电阻丝直径（cm）；C_{m} 为比热容（J/(kg·℃)）；t 为温升。

为计算温升必须先计算能量，由于雷电冲击全波为冲击波，因此，采用积分的方式计算能量。用示波器测量标准波波形数据，采用积分的方法计算能量。

利用冲击电压波形参数，利用积分的方法计算能量：

$$W = \frac{U^2}{R}t = \frac{\int U^2 t}{R} \tag{6-16}$$

根据以上几式可计算出每根电阻丝的温升，一般要求电阻丝的温升小于 100 ℃。

图 6-13 所示的为 1200 kV 电阻分压器的内部结构图，从图中可以看出，高压线

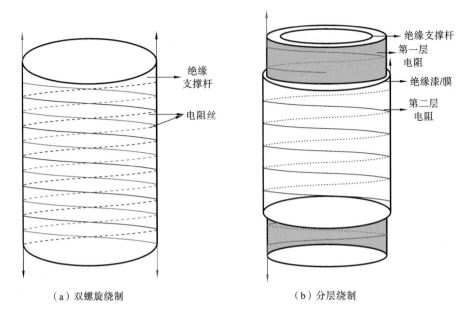

（a）双螺旋绕制　　　　　　　　（b）分层绕制

图 6-12　绕线方式

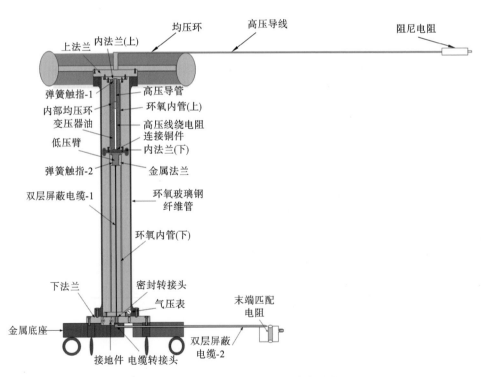

图 6-13　1200 kV 电阻分压器的内部结构图

绕电阻固定在一个环氧内管上,高压线绕电阻的长度约为电阻总高的 35%,低压臂直接连接在均压环上,这样可大幅度减小高压电阻对地杂散电容。该种结构的内部电场分布得及其不均匀,最大场强出现在高压电阻的下端均压环上。

6.4　阻容分压器

6.4.1　阻容串联分压器与弱阻尼分压器

阻容串联分压器是由阻容单元叠加而成的,每一个阻容单元由一个电阻和一个电容串联组成。由于电阻存在固有电感,所以测量回路由电感和电容组成,其方波响应和测量响应特性是振荡的。为了阻尼振荡,通常在阻容分压器的高压臂串联一阻尼电阻 R。方波响应波形不发生振荡的临界条件为

$$R \geqslant 2\pi(L/C_d)^{1/2} \tag{6-17}$$

式中,L 为分压器高压臂的串联电感,C_d 为元件对地杂散电容。

按照所加阻尼电阻的大小不同,可将阻容串联分压器分为高阻尼阻容串联分压器和低阻尼阻容串联分压器。

(1)高阻尼阻容串联分压器的阻尼电阻选取得较大。图 6-14 所示的为用集中参数表示的阻容串联分压器,R_1 和 R_2 分别为高压臂电阻和低压臂电阻,C_1 和 C_2 分别为高压臂电容和低压臂电容,R_d 为阻尼电阻。施加冲击电压后,在初始高频时,电容可视为通路,按照电阻分压,最终按照电容分压。为此,高/低压臂的电阻/电容大小必须满足:

$$\frac{R_1 + R_d}{R_2} = \frac{C_2}{C_1} \tag{6-18}$$

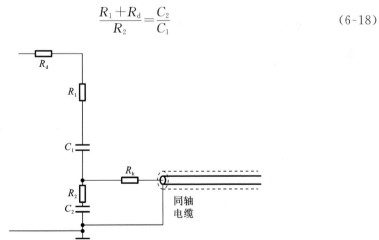

图 6-14　用集中参数表示的阻容串联分压器

　　高阻尼阻容串联分压器可获得较好的响应特性,但在标准冲击发生器产生标准波时,由于时间常数过大,负荷电容过小会导致波形畸变。

　　(2) 低阻尼阻容串联分压器的阻尼电阻选取得较小,时间常数较小,因此它的接入不会导致标准冲击发生器产生的波形发生畸变。低阻尼分压器是一种通用分压器,可用于测量雷电冲击全波电压、雷电冲击截波电压和交流电压等。低阻尼阻容串联分压器比高阻尼阻容串联分压器有更广的使用范围,但由于其阻尼电阻过小,其振荡更大。

　　阻容型冲击电压分压器是目前使用范围最广的分压器,其原理图如图6-15所示,高压部分由电阻和电容串联的单元串接而成。冲击电压稳态部分趋于电阻分压,高频部分为电容分压,因此,其高低压电阻所成的比例应与高低压电容的一致。阻容型冲击电压分压器的等效电路如图 6-16 所示。式(6-19)表示阻容型冲击电压分压器的阶跃波响应函数,在阻容型冲击电压分压器的高压电容不变的条件下,电阻越大,阶跃波响应时间越长,过冲越小。

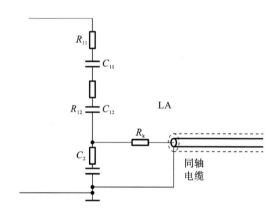

图 6-15　阻容型冲击电压分压器结构图

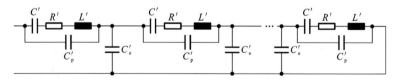

图 6-16　阻容型冲击电压分压器的等效电路

$$g(t) = 1 - \frac{C_e}{6(C+C_p)} + 2\mathrm{e}^{-at}\sum_{k=1}^{\infty}(-1)k\frac{\cosh(b_k t) + \dfrac{\alpha}{b_k}\sinh(b_k t)}{\left(1+\dfrac{C_p}{C}+\dfrac{C_e}{Ck^2\pi^2}\right)\left(1+\dfrac{C_p}{C_e}k^2\pi^2\right)} \qquad (6\text{-}19)$$

式中，$a=\dfrac{R}{2L}$，$b_k=\sqrt{a^2-\dfrac{k^2\pi^2\left(1+\dfrac{C_{\mathrm p}}{C}+\dfrac{C_{\mathrm e}}{Ck^2\pi^2}\right)}{LC_{\mathrm e}\left(1+\dfrac{C_{\mathrm p}}{C_{\mathrm e}}\pi^2\right)}}$，$R=nR'$，$L=nL'$，$C=C'/n$，$C_{\mathrm e}=nC'_{\mathrm e}$，

$C_{\mathrm p}=C'_{\mathrm p}/n$。

　　高压电容与均压环之间的杂散电容可以补偿对地电容对高压分压器的影响。对地电容越大，阶跃波响应的上升时间越长，高压杂散电容越大，过冲越大。因此，在分压器设计和制造过程中需要注意参数之间的平衡。

　　弱阻尼电容分压器为目前使用量最大的冲击分压器。典型的冲击电压分压器的高压电阻为 200～400 Ω，高压电容约为 400 pF，设计时间常数为 100 ns 左右。由于冲击电压的传导过程可等效为行波，因此增大高压臂的串联单元数可减小分压器的阶跃波响应时间。

　　德国联邦物理技术研究院研制了 1000 kV 弱阻尼分压器作为德国国家冲击标准分压器，如图 6-17 所示，其高压电容为 150 pF，高压电阻为 350 Ω，高压臂分为两个模块，每个模块为 20 个高压陶瓷电容和高压电阻串联而成。中国电力科学研究院研制了 2400 kV 弱阻尼分压器作为线性度校准标准装置，其高压臂由 4 个模块串联而成，每个模块包括 6 个阻容串联结构，对于单个阻容串联结构，高压电容为杂散电感小于 40 nH 的油纸绝缘脉冲电容器，高压电阻由温度系数小于 $1\times10^{-5}/\mathrm{K}$ 的卡玛丝绕制而成。

（a）德国联邦物理技术研究院1000 kV弱阻尼分压器　　（b）中国电力科学研究院2400 kV弱阻尼分压器

图 6-17　弱阻尼分压器

6.4.2 基于标准电容器的电容分压器

弱阻尼电容分压器的高压部分为非屏蔽结构的,分压器对地和周围带电体的杂散电容对传递特性的影响不容忽视。为了减小杂散电容的影响,高压电容的电容量通常取得较大,为几百 pF,这使得低压电容的电容量相应增大,因此,低压部分杂散参数的影响不能忽略。此外,高压电容和高压电阻的杂散电感将引起波形畸变;另外,油纸绝缘的高压电容器或者金属化膜电容器的温度系数和电压系数将对分压器线性度产生很大影响。

为了改善传统电容型分压装置的高频特性,拟采用压缩气体高压标准电容器作为电容分压器的高压电容。高压标准电容器具有极小的电压系数和温度系数。由于电极系统处于全屏蔽状态,高压电容对地分布电容固定,刻度因数对布置位置和外界带电体不敏感。高稳定气体(如 N_2 或者 SF_6)绝缘介质比固体或液体绝缘介质具有更低的介电损耗,并可大大减小设备的体积,且电气系统封闭在设备内部,电容量受环境湿度的影响大大降低。

高压标准电容器一般用于测量工频电压下的电容量、介质损耗,以及高压设备的电压系数。图 6-18 所示的为目前比较常见的标准电容器结构,如图 6-18(a)所示,高压电极固定在套管顶部,低压电极位于金属(支撑)杆上部,测量电缆位于金属杆内部,延伸至设备底部。如图 6-18(b)所示,电极系统位于套管中部,且被中间电位电极包围,套管外壁电场集中在中部。如图 6-19(c)所示,电极系统位于设备下部的金属罐体中,高压电极通过高压导杆与上法兰连接,高压电极位于低压电极内部,为了均匀低压电极两端表面的电场,需要增加屏蔽电极。

20 世纪 80 年代,研究人员开始探索使用标准电容器测量冲击电压的可行性,研究发现,高低压电容之间的电缆长度直接影响分压器的高频特性,在波前部分叠加高频振荡。因此,采用图 6-18(c)中所示的结构的标准电容器最适合作为宽频电容分压器的高压电容。

操作冲击电压的脉宽增大,电阻分压器不适合用于操作冲击电压的测量。而利用电容分压器可进行操作冲击电压的测量,其同时可作为雷电冲击电压的测量标准器。

1. 高压标准电容器的结构

图 6-19 所示的为标准电容器结构。高压套管为带绝缘伞充气环氧纤维套管,内部采用双层屏蔽结构。电极系统置于金属屏蔽罐体内部,高压电极通过高压导杆与上法兰用螺杆相连。高压导杆下部插入内部嵌入弹簧的触指座中,以保证良好的导电性。高压电极固定在支撑绝缘子上,支撑绝缘子外部为弧形结构以增加沿面距离。支撑绝缘子固定在金属罐体底面,以确保高压电极的稳固。低压电极在高压电极外

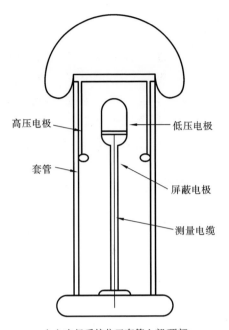

（a）电极系统位于套管上部(顶部)

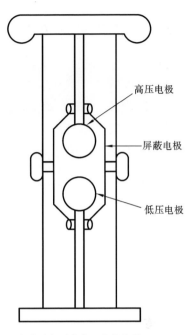

（b）电极系统位于套管中部

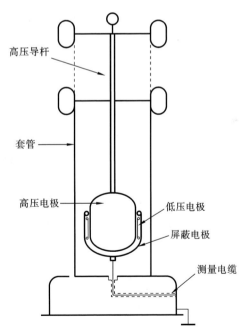

（c）电极系统位于套管下部

图 6-18　标准电容器结构

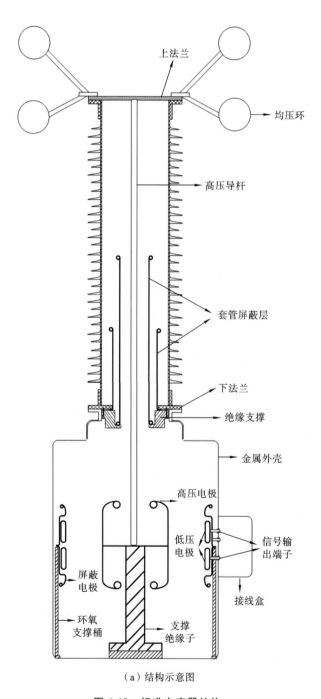

（a）结构示意图

图 6-19 标准电容器结构

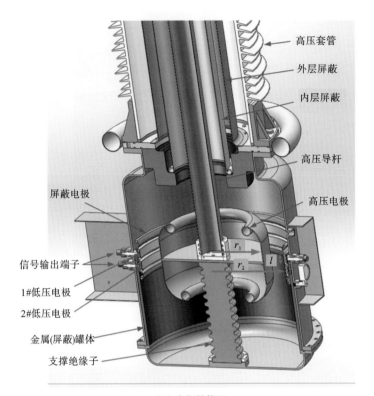

（b）内部结构图

续图 6-19

侧,固定于屏蔽电极上,屏蔽电极固定在环氧支撑桶上。屏蔽电极应尽可能包围低压电极且两端采用多弧形面连接以均匀低压电极两端的电场分布。信号输出端子为铜杆,一端与低压电极相连,另一端用于连接低压电容。为了运输方便,整个标准电容器使用液压装置升降。

图 6-20 所示的为外施电压小于 1440 kV 时,电极系统内部的电场云图。从图中可以看出,最大电场强度出现在高压电极两端圆弧附近,电场强度最大值约为 18.1 kV/mm,小于设计手册规定的 24 kV/mm。

图 6-21 所示的为施加 720 kV 电压时的电场云图,从图中可以看出,高压电极两端的电场强度约为 9.2 kV/mm,中间电位屏蔽层上的电场强度约为 6 kV/mm。低压电极表面电场分布非常均匀,约为 5 kV/mm。屏蔽电极的存在非常明显地降低了低压电极两端的电场强度。表 6-6 所示的为电容器各关键部位电场强度二维仿真计算结果(冲击电压为 1440 kV),从表中可以看出,实际设计的电场强度都远低于基准值。

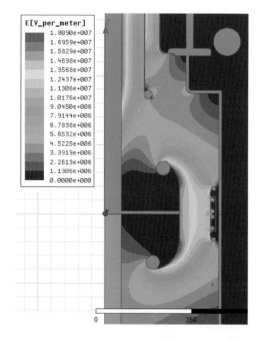

图 6-20　外施电压小于 1440 kV 时,电极系统内部的电场云图

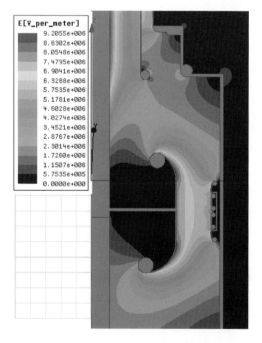

图 6-21　施加 720 kV 电压时的电场云图

表 6-6　电容器各关键部位电场强度二维仿真计算结果(冲击电压为 1440 kV)

关 键 部 位	仿真计算电场值/(kV/mm)	基准值/(kV/mm)
屏蔽电极端部	15.829	20
低压电极端部	14.698	20
高压电极直线位置处	16.959	20
高压电极上部圆弧处	18.09	20
高压电极下部圆弧处	18.09	20
高压导杆表面	16.959	20
接地屏蔽处	15.829	20
中间电位屏蔽表面	14.698	20
接地法兰处	5.653/3.39	14～16

2. 高压标准电容器的性能

影响标准电容器电容量稳定性的主要因素为气压、温度、电压,其中,气压主要影响标准电容器内部 SF_6 气体的介电常数,在一定范围内,SF_6 气体的介电常数随气体压力的升高呈线性增大的趋势。20 ℃室温下标准电容器的内部压力为 0.4 MPa,影响气压的主要因素为温度,由于电容器不产生热量,因此只有外界温度变化对气压存在影响,且其影响非常小,可忽略不计。

温度主要影响介电常数、内部压力、电极形变,另外,湿度会影响介电常数随温度变化的规律,因此,在充气时,需要对气体进行干燥处理。温度升高将引起电极直径和长度的增大,对于圆柱形电极,主要考虑长度的增大导致电容量增大。电容的温度系数主要取决于电极的金属膨胀系数,电容的温度系数为正值。

电压的作用主要表现为:电场力使电极相互吸引,即使电极间的距离减小,从而使电容量增大,因此,电场力引起的电压系数为正,这与电极材料的弹性模量有关(不锈钢材料的弹性模量为 2×10^{11} N/m²)。另外,安装时不能保证电极绝对同轴,偏心将使电容量发生变化。

1) 气体相对密度

以气体为介质的电容器,如压缩气体电容器,其电容量与气体介质的相对介电常数成正比。气体介质的介电常数不但与气体种类有关,而且与气体的相对密度有关。

对于压缩空气、氮气、二氧化碳或六氟化硫,当气体相对密度改变 1 时(规定在标准大气压下,$T = 293.16$ K 时气体相对密度为 1),它们的介电常数的变化在 0.0025 之内,这对电容量的影响较小。

非极性分子气体的介电常数服从 Clausius-Mosotti 方程:

$$\frac{\varepsilon - 1}{\varepsilon + 2} = \frac{4\pi}{3} n_0 \alpha = k\rho \tag{6-20}$$

式中,ε 为气体相对介电常数;n_0 为单位体积中气体极化的质点数;α 为质点的极化率;ρ 为气体相对密度;k 为常数。

对于压缩气体电容器,当温度恒定时,其电极几何尺寸不会发生变化,这时电容器的电容量仅是介电常数的一次线性函数:

$$C = \varepsilon f(x,y,z) = \varepsilon k' \tag{6-21}$$

式中,C 为电容器的电容量。

设

$$\delta = \varepsilon - 1 \tag{6-22}$$

有

$$\frac{\delta}{\delta + 3} = k\rho \tag{6-23}$$

采用微分的方法进行计算:

$$\left. \frac{\partial C}{\partial P} \right|_{T_1} = f(x,y,z) \left. \frac{\partial \delta}{\partial P} \right|_{T_1} \tag{6-24}$$

在特定的温度(T_1)和气压(P_1)下:

$$C_{T_1,P_1} = \varepsilon_{T_1,P_1} f(x,y,z) \tag{6-25}$$

此时式(6-24)可改写为

$$\frac{\partial C}{\partial P} = \frac{C_{T_1,P_1}}{\varepsilon_{T_1,P_1}} \frac{\partial \delta}{\partial P} \tag{6-26}$$

$$\frac{\partial C}{\partial P} = \frac{C_{T_1,P_1}}{\varepsilon_{T_1,P_1}} \left(3k \frac{\partial \rho}{\partial P} + 6k^2 \frac{\partial \rho}{\partial P} \right) \tag{6-27}$$

电容量和气压近似成线性关系,对于 SF_6、CO_2 和 N_2,方程右侧的高次项可忽略不计。对于 100 pF SF_6 压缩气体标准电容器,测量结果公式近似为

$$\left. \frac{\partial C}{\partial P} \right|_{T=22.8\,℃} = (2.202 \pm 0.004) \times 10^{-6} (pF/Pa) \tag{6-28}$$

此时得到的测量结果如图 6-22 所示。

此时,当气压为 0.4 MPa 时,每改变电容量 0.01 MPa,电容量的相对变化量为 0.022%。在恒温条件下对 SF_6 压缩气体标准电容器在不同气压下的电容量变化进行测量,结果如图 6-23 所示。

温度变化将引起气压的变化,在相关文献中可以查到,20 ℃时,当气压为 0.5 MPa 时,温度引起的气压的变化为 0.002 MPa/℃,因此,如果温度变化 10 ℃,气压将变化 0.02 MPa。

2) 温度系数

电容温度特性指当环境温度发生变化时,标准电容器的电容量也随之变化的规律。其特性用电容温度系数 α_c 来表征,α_c 的表达式如式(6-29)所示,其中,C_{t_1}、C_{t_2}、C_{20} 是温度分别为 t_1、t_2 和 20 ℃时,标准电容器的实测电容值。

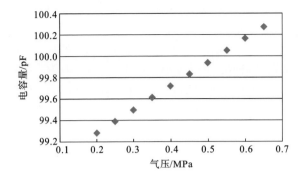

图 6-22 气压与电容量的关系（USA 标准电容器）

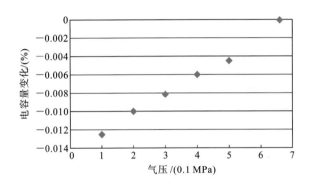

图 6-23 气压与电容量变化的关系（武高所 50 pF 标准电容器）

$$\alpha_c = \frac{C_{t_2} - C_{t_1}}{C_{20} \times (t_2 - t_1)} \qquad (6\text{-}29)$$

当环境温度变化引起标准电容器的温度变化时，标准电容器可能会产生以下变化：内部压力产生变化；内外电极变形，造成电极长度 l，以及电极半径 r_1、r_2 变化。

（1）电极尺寸的变化。

假设圆柱形电容器各部分温度均匀，且圆柱筒的径向热膨胀是从中间位置向两边均匀膨胀的，设内圆柱筒的外半径向外增加 $\Delta d_1/2$，而外圆柱筒的内半径向内减少 $\Delta d_2/2$，在温度变化时，有

$$L' = L[1 + \alpha(T-20)] = L(1 + a_1) \qquad (6\text{-}30)$$

$$a_1 = \alpha(T-20) \qquad (6\text{-}31)$$

高压电极壁厚增量为

$$\Delta d_1 = d_1 \alpha(T-20) = d_1 a_1 \qquad (6\text{-}32)$$

低压电极壁厚增量为

$$\Delta d_2 = d_2 \alpha(T-20) = d_2 a_1 \qquad (6\text{-}33)$$

因此，温度变化后，有

$$r'_1 = r_1 + \Delta d_1/2 \quad r'_2 - \Delta d_1/2 \tag{6-34}$$

$$\frac{\Delta C}{C} = \frac{(1+a_1)\ln(r_2/r_1)}{\ln[(r_2 - a_1 d_2/2)/(r_1 + a_1 d_1/2)]} - 1 \tag{6-35}$$

其中，T 为温度，α 为钢材料的线膨胀系数（2×10^{-6}/K），d_1 为高压电极厚度（3 mm），d_2 为低压电极厚度（2 mm），r_1 为高压电极外径（278 mm），r_2 为低压电极内径（390 mm）。温度变化导致电极尺寸变化，从而导致电容量变化，计算得到电容量的相对变化量为 2.05×10^{-6}/℃，温度引起的误差与温度成正比，温度系数为正。

（2）气体压力的变化。

气体介质的介电常数的温度特性同样可根据德拜方程和 Clausius-Mossotti 方程进行分析。

$$\varepsilon - 1 = \frac{Na_e}{\varepsilon_0} + \frac{N\mu_0^2}{3\varepsilon_0 KT} \times \frac{1}{T} \tag{6-36}$$

式中，N 为每立方米的分子数；a_e 为电子位移极化率（$a_e = 4\pi\varepsilon_0 r^3$）；$\mu_0$ 为介质的固有偶极矩；K 为玻尔兹曼常数（$K = 1.38 \times 10^{-23}$ J/K）。

$$\varepsilon - 1 = a + b \times \frac{1}{T} \tag{6-37}$$

其中，$a = \dfrac{Na_e}{\varepsilon_0}$；$b = \dfrac{N\mu_0^2}{3\varepsilon_0 KT}$。

温度系数可表示为

$$\beta_{T_\varepsilon} = \frac{1}{\varepsilon}\frac{d_e}{d_T} \tag{6-38}$$

式中，β_{T_ε} 为气体的介电常数随温度变化的变化率。

式（6-37）表示的是当压力恒定时，气体的介电常数随温度的变化。温度系数 β_{T_ε} 为负值，为 $-10^{-6} \sim -10^{-5}$（K^{-1}）。若取 SF$_6$ 气体介电常数的温度系数为 -10^{-5} K^{-1}，常温（20 ℃）常压下其介电常数为 1.00191。

由式（6-37）可得

$$a = \varepsilon_{20} - 1 - \beta_{T_\varepsilon} \times \frac{1}{T} = 1.00191 - 1 + 10^{-5} \times \frac{1}{273 + 20} = 0.00191003413 \tag{6-39}$$

当温度由 20 ℃增加到 21 ℃时，SF$_6$ 气体介电常数变为

$$\varepsilon_{21} = a + \beta_{T_\varepsilon} \times \frac{1}{T} + 1 = 1.00191000011 \tag{6-40}$$

因为

$$\frac{C_{21}}{C_{20}} = \frac{\varepsilon_{21}}{\varepsilon_{20}}$$

则有

$$a_{c\varepsilon} = \frac{C_{t_2} - C_{t_1}}{C_{20} \times (t_2 - t_1)} = \frac{\varepsilon_{21} - \varepsilon_{20}}{\varepsilon_{20}} = -1.098 \times 10^{-10} \tag{6-41}$$

此时,温度变化 20 ℃,电容量的相对变化量可忽略不计。

3)电压系数

(1)电场力的影响。

根据相关文献提出的静电场力对电容量的影响,电场力表现为高压电极和低压电极之间的吸引力,这使得高压电极半径增大,低压电极半径减小。其中,r_1 的变化 Δr_1 为

$$\Delta r_1 = \frac{U^2 C}{4\pi l E_1 \ln(r_2/r_1)} \tag{6-42}$$

进一步可得

$$\frac{\Delta C_{\Delta r_1}}{C} = \frac{U^2 C}{4\pi l d_1 E_1 r_1 [\ln(r_2/r_1)]^2} \tag{6-43}$$

$$\frac{\Delta C_{\Delta r_2}}{C} = \frac{U^2 C}{4\pi l d_2 E_2 r_1 [\ln(r_2/r_1)]^2} \tag{6-44}$$

$$\frac{\Delta C}{C} = \frac{\Delta C_{\Delta r_1}}{C} + \frac{\Delta C_{\Delta r_2}}{C} = \frac{U^2 C}{4\pi l [\ln(r_2/r_1)]^2} \left[\frac{1}{d_1 E_1 r_1} + \frac{1}{d_2 E_2 r_2} \right] \tag{6-45}$$

式中,C 为电容量(9.94 pF),U 为施加电压(600 kV),l 为正对长度(56 mm),r_1 为高压电极半径(278 mm),r_2 为低压电极半径(390 mm),d_1 为高压电极厚度(3 mm),d_2 为低压电极厚度(2 mm),E_1 为高压电极材料弹性模量(2×10^{11} N/m²),E_2 为低压电极材料弹性模量(2×10^{11} N/m²)。由此可计算得到 600 kV 时电容量的电压系数。

(2)偏心的影响。

在安装高压电极和低压电极时将导致偏心现象,使得高压电极和低压电压中心轴不重合也会使电容值发生变化。假设两圆筒中心轴平行,轴间距离为 b,则不同轴引起的电容量的变化为

$$\frac{\Delta C}{C} = \frac{\ln(r_2/r_1)}{\ln(x + \sqrt{x^2 - 1})} - 1 \tag{6-46}$$

其中,$x = \frac{r_2^2 + r_1^2 - b^2}{2r_1 r_2}$,$r_1$ 为高压电极半径(278 mm),r_2 为低压电极半径(390 mm),b 为中心轴之间的距离(单位为 mm)。

在实际安装时,高压电极的不同轴度在 0.5 mm 内,低压电极的不同轴度在 0.2 mm 内,在安装配合后,中心轴之间的距离为 1 mm 左右,并会引起电容量变化。该误差在组装过程中已经固定,虽然偏心将引起电场力不均匀(长期加压时电场力将使偏心更加严重),导致电容量增大,但是不锈钢材料的抗弯强度>520 MPa,因此,偏心引起的电压系数可忽略不计。

(3)频率的影响。

基于平板型(低压)压缩气体标准电容器研究电容器的频率响应。低压电容器由两组平板电极交错叠装而成,内充干燥 CO_2、N_2 或 SF_6 气体。电极装配的均匀程度、

电极的刚度等是影响电容器电压系数的主要因素。当电压施加在电容器上时,可采用等效电容和等效电导来描述电容器的特性。

$$C_e = \text{Im}[\dot{I}/(\omega\dot{E})] \tag{6-47}$$

$$G_e = \text{Re}[\dot{I}/\dot{E}] \tag{6-48}$$

式中,$\dot{I}$、$\dot{E}$ 为测量信号的基波相量,ω 为测量信号的频率。

图 6-24 所示的为平板电容器的简化模型,用于分析电容器的动态机械特性对其等效电容的影响。图中,P_1 为固定电极;P_2 为可动电极,其质量、阻尼系数分别为 m、c,通过弹性系数为 k 的弹簧悬挂在 P_1 的上方;$E_m\sin\omega t$ 为施加电压。

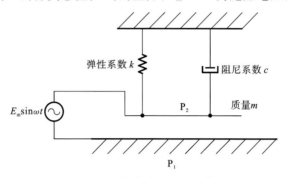

图 6-24 平板电容器的简化模型

机械共振频率为

$$\omega_r = \frac{1}{2}\sqrt{\frac{k}{m}} \tag{6-49}$$

式中,共振频率 ω_r 为机械系统无阻尼固有频率的一半。

图 6-25 所示的为平板电容器的等效回路,图中,C_0 为不施加电压时的电容量,$\Delta C'$ 及 $\Delta C''$ 是与电压有关的电容增加量。图 6-25(a)中,电容器与 RLC 支路并联,图中的等效参量 R_s、L_s、C_s 可进行计算;图 6-25(b)中,用两条支路代替 RLC 支路。

$$R_s = \frac{8c}{E^2\left(\dfrac{\mathrm{d}C}{\mathrm{d}x}\right)^2} \tag{6-50}$$

$$L_s = \frac{16m}{E^2\left(\dfrac{\mathrm{d}C}{\mathrm{d}x}\right)^2} \tag{6-51}$$

$$C_s = \frac{E^2\left(\dfrac{\mathrm{d}C}{\mathrm{d}x}\right)^2}{4k} \tag{6-52}$$

$$\Delta C' = \frac{E^2\left(\dfrac{\mathrm{d}C}{\mathrm{d}x}\right)^2}{2k} \tag{6-53}$$

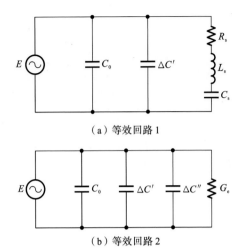

（a）等效回路 1

（b）等效回路 2

图 6-25　平板电容器的等效回路

$$\Delta C'' = \frac{1}{4} \frac{E^2 \left(\dfrac{\mathrm{d}C}{\mathrm{d}x}\right)^2 (k - 4\omega^2 m)}{(2\omega c)^2 + (k - 4\omega^2 m)^2} \tag{6-54}$$

$$G_{\mathrm{e}} = \frac{1}{2} \frac{E^2 \left(\dfrac{\mathrm{d}C}{\mathrm{d}x}\right)^2 \omega^2 c}{(2\omega c)^2 + (k - 4\omega^2 m)^2} \tag{6-55}$$

等效电容为

$$C_{\mathrm{e}} = C_0 + \Delta C' + \Delta C'' = C_0 \left(1 + \frac{\Delta C' + \Delta C''}{C_0}\right)$$

$$= C_0 \left\{1 + \frac{E^2 \left(\dfrac{\mathrm{d}C}{\mathrm{d}x}\right)^2}{2C_0} \times \left[\frac{1}{k} + \frac{1}{2} \frac{(k - 4\omega^2 m)}{(2\omega c)^2 + (k - 4\omega^2 m)^2}\right]\right\} \tag{6-56}$$

当施加电压为低频电压时，等效电容可简化为

$$C_{\mathrm{e}} \cong C_0 \left(1 + \frac{3}{4kC_0}\left(\frac{\mathrm{d}C}{\mathrm{d}x}\right)^2 E^2\right) \tag{6-57}$$

当施加电压为高频电压时，等效电容可简化为

$$C_{\mathrm{e}} \cong C_0 \left(1 + \frac{3}{2kC_0}\left(\frac{\mathrm{d}C}{\mathrm{d}x}\right)^2 E^2\right) \tag{6-58}$$

将式（6-56）改写成

$$C_{\mathrm{e}} = C_0 (1 + \alpha E^2) \tag{6-59}$$

$$\alpha = \frac{\left(\dfrac{\mathrm{d}C}{\mathrm{d}x}\right)^2}{2C_0} \times \left[\frac{1}{k} + \frac{1}{2} \frac{(k - 4\omega^2 m)}{(2\omega c)^2 + (k - 4\omega^2 m)^2}\right] \tag{6-60}$$

当电压频率小于共振频率 ω_r 时,有

$$\alpha \cong \frac{3}{4kC_0}\left(\frac{\mathrm{d}C}{\mathrm{d}x}\right)^2 \tag{6-61}$$

当电压频率大于共振频率 ω_r 时,有

$$\alpha \cong \frac{3}{2kC_0}\left(\frac{\mathrm{d}C}{\mathrm{d}x}\right)^2 \tag{6-62}$$

　　采用双频电压,当电极受时变电场力作用时,电容器为非线性时变电容,因此,在不同频率的两个正弦电压的作用下将调制出谐波和具有组合频率的电流。简化模型如图 6-26 所示。

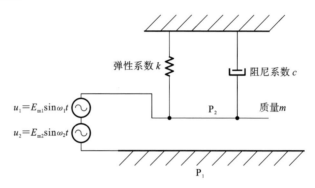

图 6-26　不同频率的两个正弦电压作用下的理想电容器

电容器上储存的能量为

$$W = C(u_1 + u_2)^2/2 \tag{6-63}$$

极板之间的相互作用电场力为

$$F = \frac{\partial W}{\partial x} = \frac{1}{2}\frac{\partial C}{\partial x}(u_1 + u_2)^2 \tag{6-64}$$

电极 P_2 的运动方程为

$$m\frac{\mathrm{d}^2 x}{\mathrm{d}t^2} + C\frac{\mathrm{d}x}{\mathrm{d}t} + kx = F \tag{6-65}$$

根据机械振动理论,由上式可推导出 C_e 的电压特性方程:

$$C_e = C_0(1 + \alpha_2 E_2^2) \tag{6-66}$$

$$G_e = \omega C_0(D_0 + \beta_2 E_2^2) \tag{6-67}$$

$$\alpha_2 = \frac{1}{2C_0}\left(\frac{\partial C}{\partial x}\right)^2 \left\{ \frac{1}{k} + \frac{k - (\omega_1 - \omega_2)^2 m}{(\omega_1 - \omega_2)^2 c^2 + [k - (\omega_1 - \omega_2)^2 m]^2} \right.$$
$$\left. + \frac{k - (\omega_1 + \omega_2)^2 m}{(\omega_1 + \omega_2)^2 c^2 + [k - (\omega_1 + \omega_2)^2 m]^2} \right\} \tag{6-68}$$

$$\beta_2 = \frac{1}{2C_0}\left(\frac{\partial C}{\partial x}\right)^2 \left\{ \frac{(\omega_1 - \omega_2)c}{(\omega_1 - \omega_2)^2 c^2 + [k - (\omega_1 - \omega_2)^2 m]^2} \right.$$

$$+\frac{(\omega_1+\omega_2)c}{(\omega_1+\omega_2)^2c^2+[k-(\omega_1+\omega_2)^2m]^2}\Big\} \tag{6-69}$$

令 $\omega_2=0$，可得电容的直流电压系数公式，则电容的介质电压系数公式为

$$D_e\approx\frac{G_e}{\omega_1C_0}=D_0+\beta_1E_1^2+\beta_2E_2^2 \tag{6-70}$$

图 6-27(a)所示的为查阅文献得到的平板型压缩气体标准电容器电容量的电压系数与施加电压频率的关系，从图中可以看出，共振频率为 160 Hz，施加单个交流电压时，电容量在 0.5 倍共振频率附近存在突变；当施加电压为工频电压叠加直流电压时，电容量在共振频率附近存在较大突变，当频率远大于共振频率时，电容量与施加

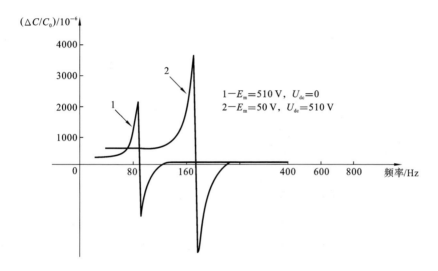

（a）电容量变化

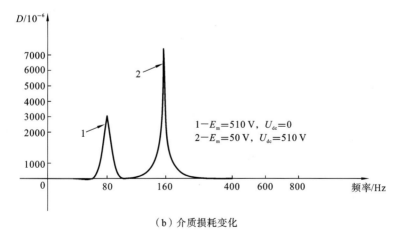

（b）介质损耗变化

图 6-27 电容器的频率响应

电压无关。图 6-27(b)所示的为介质损耗与频率的关系,从图中可以看出,施加电压为单个交流电压时,介质损耗频率特性曲线在 0.5 倍共振频率处存在突变,用双频法求得的曲线在共振频率处存在突变。当频率远离共振频率时,介质损耗的电压系数均为零。

3. 电容分压装置

增加低压电容和高压标准电容器,得到电容分压装置,即可进行交流电压的测量,但分压器各组件的杂散参数将影响分压装置的高频响应特性,为了测量冲击电压等高频信号,需要对高频特性进行改进。首先根据冲击电压的测量需求,分析分压器内外部的杂散参数,试验时,高压标准电容器的金属罐体、屏蔽电极和 2♯ 低压电极接地,如图 6-28(a)所示。图中,C_1 为研制的压缩气体标准电容器,为了阻尼高压引线杂散电感引起的波形振荡,高压端增加阻尼电阻 R_{d1},其具体阻值通过阶跃波响应试验确定。C_2 为低压电容,由数十个低压 NPO 陶瓷电容并联而成,电容的电压系数小于 0.1%。R_2 为低压电阻,与 C_2 串联,使得低压端时间常数与高压端时间常数保持一致,其阻值非常小,由阶跃波响应试验确定。杂散参数方面,L_p 为高压引线的残余电感,L_H 为高压导杆的残余电感,C'_E 为高压引线对地杂散电容,C'_s 为高压导杆对地电容,C'_H 为高压导杆与均压环之间的电容;C_{1s}、C_{3s} 分别为高压导杆对套管内屏蔽层和金属罐体之间的分布电容,C_{2s} 为套管内屏蔽层和接地屏蔽之间的分布电容;C_{HS}、C_{HT}、C_{HL} 分别为高压电极与屏蔽电极、金属罐体和 2♯ 低压电极之间的分布电容;C_{LS} 为低压电极和屏蔽电极之间的分布电容。

相关杂散参数的计算方法为

$$C'_E = \frac{2\pi\varepsilon_0 l_p}{\ln\left(\dfrac{2l_p}{d}\right)} \tag{6-71}$$

$$L_p = \frac{\mu_0 l_p}{2\pi}\ln\frac{4h}{d} \tag{6-72}$$

其中,l_p 为高压引线的长度,d 为高压引线的直径,h 为高压引线离地高度,μ_0 为真空磁导率($4\pi\times10^{-7}$ H/m)。

依据电感计算手册,L_H 的计算方法见式(6-73),其中,l_H 为高压导杆的长度,g_H 为与引线尺寸相关的量(采用厚度为 0.02 mm,宽度为 200 mm,长度为 7 m 的铜箔作为高压引线,$g_H=0.052$)。

$$L_H = \frac{\mu_0 l_H}{2\pi}\left(\ln\frac{2l_H}{g_H}-1\right) \tag{6-73}$$

C_{1s} 可根据同轴电容结构进行计算,结果如式(6-74)所示:

$$C_{1s} = \frac{2\pi\varepsilon_0\varepsilon_r l}{\ln\dfrac{r_2}{r_1}} \tag{6-74}$$

其中,ε_0为真空介电常数(8.85419×10^{-12} F/m),ε_r为 SF$_6$相对介电常数(1.008),l 为较短圆柱的长度,r_1 为外圆柱的半径,r_2 为内圆柱的半径。

C'_S、C'_H 等无法直接估算,可采用有限元仿真方法进行计算,进而对电容分压器的高频响应特性进行电路仿真,仿真电路图如图 6-28(b)所示,其中,R_M 为电缆匹配电阻,R_L 和 C_L 分别为测量仪器的入口电阻和入口电容。仿真分析阻尼电阻 R_{d1} 的作用,结果如图 6-29(a)所示,从图中可以看出,阻尼电阻 R_{d1} 越大,响应时间越长,过冲

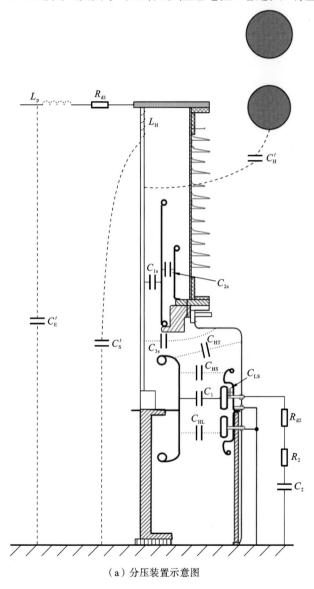

（a）分压装置示意图

图 6-28　分压装置高频特性仿真

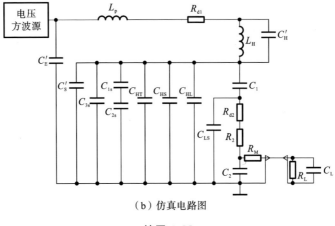

（b）仿真电路图

续图 6-28

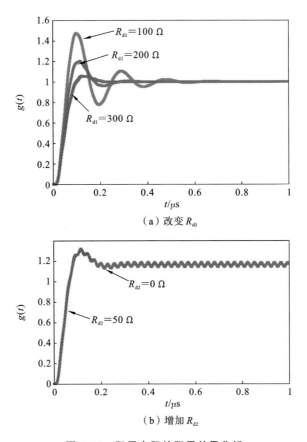

（a）改变 R_{d1}

（b）增加 R_{d2}

图 6-29　阻尼电阻的阻尼效果分析

越小。由于杂散参数的作用,仅增加阻尼电阻 R_{d1} 时,响应波形上叠加了很多小振荡,因此,考虑在高低压电容之间增加 R_{d2}（见图 6-29(b)）,对小振荡进行阻尼。双阻尼抑制振荡的措施改善了分压器的高频响应特性。当 R_{d1} 为 300 Ω, R_{d2} 为 50 Ω 时,理论计算分压器的上升时间为 35 ns,相对过冲幅值小于 30%,稳定时间为 200 ns,满足标准冲击电压分压装置的要求。

宽频电压测量系统包括高压分压器、数字记录仪及计算分析软件,如图 6-30 所示。为了减小同轴电缆引起的波形畸变,数字记录仪直接置于分压器侧,分压器和数字记录仪之间的电缆长期为 1 m,数字记录仪将模拟信号转换为数字信号,通过光纤传输至 PC 中的计算分析软件。

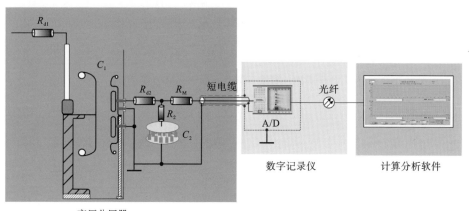

图 6-30　宽频电压测量系统

6.5　数字记录仪

分压器测量信号经过传输电缆或光纤进入数据采集装置进行波形参数的分析计算,数据采集装置是整套宽频暂态测量系统中的重要组成部分。

为了保证冲击分压器良好的信噪比,并避免分压器输出电压信号太弱,信号经电缆传输后严重失真,通常将分压器的二次输出电压控制在 100～1000 V 范围内,此电压信号无法直接进入采集卡或示波器采集测量,其需要先经过衰减器进行二次衰减。

6.5.1　阻容式衰减器

衰减器,又称二次分压器,能够对分压器输出信号进行二次衰减,使被测暂态电压峰值减小到采集设备量程范围内。通用采集设备,如示波器,在出厂时通常会配备衰减探头,但 IEC 明确规定,不推荐使用示波器厂家生产的衰减探头,因其内部补偿元件容易变动使衰减比不稳定,对于宽频暂态电压二次测量系统而言,需要自主研制衰减器。然而,引入衰减器后往往会增大系统的测量不确定度,同时会带来更多的电磁干扰。因此,对于宽频暂态电压标准二次测量系统,必须研制高精度衰减器。

图 6-31 所示的为阻容混联衰减器简化结构图。类似于通用分压器的结构,阻容混联衰减器在阻容串联衰减器的基础上,令高、低压臂再分别并联一个分压电阻。并联分压电阻后,可以使衰减器的输入阻抗达到 1 MΩ。

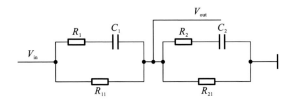

图 6-31 阻容混联衰减器简化结构图

阻容混联衰减器比阻容串联衰减器多了两条支路,其同时存在串联支路和并联支路,其传递函数的表达式复杂许多,同样,根据分压定律有

$$G(s) = \frac{\left(R_2 + \dfrac{1}{sC_2}\right) /\!/ R_{21}}{\left(R_1 + \dfrac{1}{sC_1}\right) /\!/ R_{11} + \left(R_2 + \dfrac{1}{sC_2}\right) /\!/ R_{21}}$$

$$= \frac{\dfrac{R_{21}(sR_2C_2 + 1)}{s(R_2C_2 + R_{21}C_2) + 1}}{\dfrac{R_{11}(sR_1C_1 + 1)}{s(R_1C_1 + R_{11}C_1) + 1} + \dfrac{R_{21}(sR_2C_2 + 1)}{s(R_2C_2 + R_{21}C_2) + 1}}$$

$$= \frac{R_{21}(sR_2C_2 + 1)[s(R_1C_1 + R_{11}C_1) + 1]}{R_{11}(sR_1C_1 + 1)[s(R_2C_2 + R_{21}C_2) + 1] + R_{21}(sR_2C_2 + 1)[s(R_1C_1 + R_{11}C_1) + 1]}$$

$$= \frac{[R_{21}(R_1C_1 + R_{11}C_1)R_2C_2]s^2 + [R_{21}(R_1C_1 + R_{11}C_1 + R_2C_2)]s + R_{21}}{[R_{11}(R_2C_2 + R_{21}C_2)R_1C_1 + R_{21}(R_1C_1 + R_{11}C_1)R_2C_2]s^2}$$
$$+ [R_{11}(R_2C_2 + R_{21}C_2 + R_1C_1) + R_{21}(R_1C_1 + R_{11}C_1 + R_2C_2)]s + (R_{11} + R_{21})}$$

$$(6\text{-}75)$$

对上述传递函数表达式进行一定的简化,令

$$\begin{cases} T_1 = R_1C_1 + R_{11}C_1 \\ T_2 = R_2C_2 + R_{21}C_2 \\ \tau_1 = R_1C_1 \\ \tau_2 = R_2C_2 \end{cases} \qquad (6\text{-}76)$$

则阻容混联衰减器的传递函数可以写为

$$G(s) = \frac{R_{21} T_1 \tau_2 s^2 + R_{21} (T_1 + \tau_2) s + R_{21}}{(R_{11} T_2 \tau_1 + R_{21} T_1 \tau_2) s^2 + [R_{11} (T_2 + \tau_1) + R_{21} (T_1 + \tau_2)] s + (R_{11} + R_{21})}$$

$$(6\text{-}77)$$

式中，令 $T_1 = T_2 = T$，$\tau_1 = \tau_2 = \tau$，且设没有杂散参数影响，即

$$\frac{R_1}{R_2} = \frac{C_2}{C_1} = \frac{R_{11}}{R_{21}} \tag{6-78}$$

此时传递函数可简化为

$$
\begin{aligned}
G(s) &= \frac{R_{21} T_1 \tau_2 s^2 + R_{21} (T_1 + \tau_2) s + R_{21}}{(R_{11} T_2 \tau_1 + R_{21} T_1 \tau_2) s^2 + [R_{11} (T_2 + \tau_1) + R_{21} (T_1 + \tau_2)] s + (R_{11} + R_{21})} \\
&= \frac{R_{21} T \tau s^2 + R_{21} (T + \tau) s + R_{21}}{[(R_{11} + R_{21}) T \tau] s^2 + [(R_{11} + R_{21})(T + \tau)] s + (R_{11} + R_{21})} \\
&= \frac{R_{21} [T \tau s^2 + (T + \tau) s + 1]}{(R_{11} + R_{21}) [T \tau s^2 + (T + \tau) s + 1]} = \frac{R_{21}}{R_{11} + R_{21}}
\end{aligned}
\tag{6-79}
$$

可得

$$G(s) = \frac{R_{21}}{R_{11} + R_{21}} = \frac{C_1}{C_1 + C_2} = \frac{R_2}{R_1 + R_2} \tag{6-80}$$

理想条件下，与阻容串联衰减器的结论类似，当高、低压臂元器件对应成比例关系，即 $R_1 / R_2 = C_2 / C_1 = R_{11} / R_{21}$ 时，阻容混联衰减器的传递函数如式（6-80）所示，其为比例环节。

非理想条件下，当回路中有杂散电容存在时，为了得出更具一般性的传递函数表达式，需要分析衰减器实际参数，并对式（6-75）进行一定的近似化简。衰减器作为冲击测量记录仪的一部分，其输入阻抗一般为高阻态的，图 6-31 中，R_{11} 通常为 1 MΩ 左右，同时要求高、低压臂时间常数小于 84 ns，使得 R_1 一般仅为几千欧的量级，因此 $R_{11} \gg R_1$，同理 $R_{21} \gg R_2$。当 $R_{11} \gg R_1$，$R_{21} \gg R_2$ 时，$T + \tau \approx T$，$T_1 + \tau_2 \approx T_1 \approx R_{11} C_1$，$T_2 + \tau_1 \approx T_2 \approx R_{21} C_2$。$T_1$、$T_2$ 一般为微秒量级的，τ_1、τ_2 为纳秒量级的，则 $T \tau \ll T + \tau$，式（6-77）中，s^2 项前的系数远小于 s 项前的系数，s^2 项可以忽略不计。最终传递函数可以简化为

$$
\begin{aligned}
G(s) &\approx \frac{R_{21} (T_1 + \tau_2) s + R_{21}}{[R_{11} (T_2 + \tau_1) + R_{21} (T_1 + \tau_2)] s + (R_{11} + R_{21})} \\
&\approx \frac{R_{21} T_1 s + R_{21}}{(R_{11} T_2 + R_{21} T_1) s + (R_{11} + R_{21})} \\
&\approx \frac{R_{21} R_{11} C_1 s + R_{21}}{(R_{11} R_{21} C_2 + R_{21} R_{11} C_1) s + (R_{11} + R_{21})}
\end{aligned}
$$

将上式分母中的拉普拉斯算子 s 的系数归一化，有

$$G(s) = \frac{C_1}{C_1 + C_2} \cdot \frac{s + \dfrac{1}{R_{11} C_1}}{s + \dfrac{1}{R_{11} C_1} \left(\dfrac{R_{11} + R_{21}}{R_{21}} \dfrac{C_1}{C_1 + C_2} \right)} \tag{6-81}$$

经过上述理论分析和等式化简,可得到与阻容串联衰减器类似的传递函数的表达式。式(6-81)表明,当$[(R_{11}+R_{21})/R_{21}][C_1/(C_1+C_2)]=1$时,高输入阻抗阻容混联衰减器仍然为比例环节,衰减比与电阻值无关,由回路中电容值决定,此时,C_1、C_2表示杂散电容折算到高、低压臂后的回路电容。在实际工程应用中,只要衰减器的结构固定,杂散电容值就不会改变,那么衰减器的衰减比就是稳定的,但由于杂散电容值不可以通过实际测量得到,因此衰减比具体值无法通过理论计算知晓,也就无法通过理论计算满足$[(R_{11}+R_{21})/R_{21}][C_1/(C_1+C_2)]$值为1的要求。

与电阻式(电阻型)衰减器不同,阻容衰减器衰减比的稳定性不受杂散电容的影响,同时,通过改变主电路电容值可以抵消杂散电容对整个测量系统动态响应特性的影响,工程上一般通过调节衰减器的方波响应来间接反映这种抵消效果。因此,本书在高输入阻抗阻容混联衰减器的理论基础上,根据冲击电压二次测量系统的实际工程需求,设计制作高精度二次分压器。

通过仿真计算可知,阻容混联衰减器的衰减比仅与回路电容值有关而与电阻参数无关,理想参数条件下仿真得到的衰减比与理论计算结果相吻合;冲击电压时间参数的测量与C_1、C_2、R_{11}、R_{21}的值有关而与R_1、R_2无关,同时,通过仿真得到了元器件参数具体变化对T_1、T_2测量相对误差的变化趋势的影响。然而,理论分析表明,理想参数下,阻容衰减器呈现纯比例特性,当高压臂元器件参数从理想值的99%变化到101%时,其T_1、T_2的测量误差皆应为一条过零点的变化曲线,但仿真结果显示,波前时间T_1的相对误差变化曲线并非过零点的曲线,在理想参数下,衰减器测得的T_1仍然有0.3%的误差,相比于T_2的0.01%的误差要大得多,这需要进一步研究,但对于工程应用而言,T_1的误差仍在IEC标准所规定的标准范围内。

当与通用采集设备级联组成瞬态电压记录仪时,二次分压器应有良好的衰减性能,此外还需要考虑实际工况。针对本书介绍的冲击电压二次测量系统,对二次分压器的设计要求如下。

(1)为了不影响冲击高压分压器的低压臂输出,冲击电压二次测量系统的输入阻抗应为高阻态的,那么二次分压器的输入阻抗为1 MΩ左右。

(2)二次分压器的输出端口需要一段1 m电缆与采集设备相连,电缆的特性阻抗一般为50 Ω,为与连接电缆进行匹配,输出阻抗应设计为50 Ω。

(3)冲击电压二次测量系统应有足够的测量范围,则要求二次分压器能够测量的冲击电压峰值不低于1000 V,衰减倍率应设计为200左右。

(4)衰减比应有良好的短期稳定性和长期稳定性,以减小衰减器带来的附加误差。

根据设计需求,二次分压器高压臂至少需要承受1000 V的冲击电压,实际电路中存在杂散电感,杂散电感与电容共同作用会使被测冲击电压波形发生振荡,为了阻尼振荡,在二次分压器输入端设置了500 Ω的阻尼电阻。为了消除行波在同轴电缆中的折反射引起的波形振荡,在低压输出端增加匹配电阻,实际设计时,为使分压器获得更好的高频特性,保持高压部分时间常数和低压部分时间常数接近。

6.5.2　电阻型衰减器

电阻型衰减器分为高阻抗的和低阻抗的两种,高阻抗的电阻值约为 1 MΩ,与采集卡的入口阻抗相当,由于分压装置的低压臂电阻一般为欧姆级的,因此高阻抗电阻并联在分流器输出电缆末端,阻抗几乎不会产生测量误差。低阻抗电阻是与末端匹配电阻一体的。如图 6-32 所示,低阻抗电阻型衰减器一般应用于电阻分压器之上,匹配电阻由多个电阻串联而成,进入数据采集卡的电压信号为二次分压之后的信号。

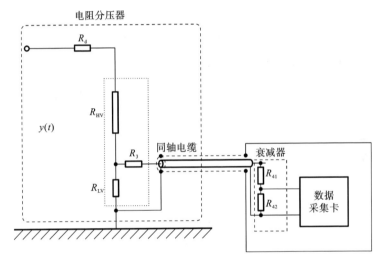

R_d—阻尼电阻,R_{HV}—高压臂电阻,R_{LV}—低压臂电阻,
R_3—前端匹配电阻,R_{41},R_{42}—末端匹配电阻

图 6-32　低阻抗电阻型衰减器

6.5.3　特性试验

IEC 61083-1 中规定,用于暂态电压标准测量系统的数字记录仪的采样率不应低于 60 MS/s,垂直分辨率不应低于 8 bit,同时要求上升时间不大于 15 ns,同时,为了保证采集单元的长期恒定性,要求采集单元的下降沿方波长时稳定性(标称时段内)在 ±1% 以内,对于标准采集装置,长时稳定性应在 ±0.5% 之内。

根据 PTB 前期的研究,多种数字示波器不满足上述要求,用 MSO44 测量下降沿方波信号时发现,继电器触发之后的平坦部分具有非常优良的稳定性,在触发后的 100 ns 至 10 ms 范围内其稳定电平与零电位的相对误差小于 ±0.2%,表明其具有优良的冲击刻度因数稳定性。对于数据采集卡上升时间测试,方波响应测量程序流程图如图 6-33 所示。

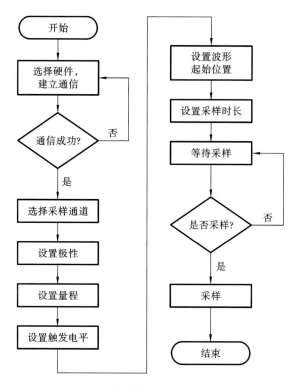

图 6-33　方波响应测量程序流程图

　　图 6-34 所示的为方波响应测量接线图,其中,keithley 2410 高精度直流电压源(经湖北计量测试技术研究院校准,直流电压测量误差＜0.01％)负责给方波发生器提供直流电压,同时信号发生器负责触发方波发生器上的汞润高速继电器,继电器动作截断直流电压从而产生下降沿方波。

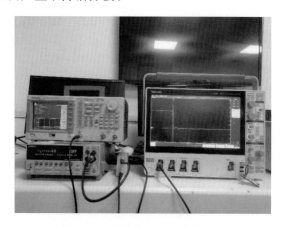

图 6-34　方波响应测量接线图 1

图 6-35 所示的为归一化方波响应波形,从图中可以看出,数据采集单元的上升时间为 2.5 ns 左右,这包括方波源自身的上升时间,可计算得到数据采集装置的上升时间为 1.5 ns。

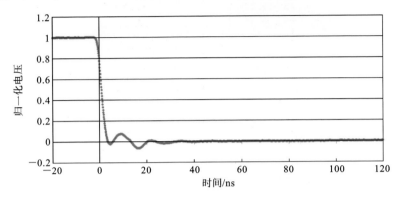

图 6-35 归一化方波响应波形 1

采集设备选用了与 LabVIEW 编程软件兼容的高速数据采集单元 PXIe-5164。表 6-7 所示的为高速数据采集单元 PXIe-5164 的主要技术参数表。如表所示,采集单元 PXIe-5164 具有双输入通道,最大采样频率为 1 GS/s,垂直分辨率为 14 bit,带宽为 400 MHz,上升时间为 1.5 ns,其技术特性远优于 IEC 标准对数字记录仪的要求。

表 6-7 PXIe-5164 主要技术参数表

技术参数名称	参 数 值
采样通道	CH0、CH1
最大采样频率	1 GS/s
垂直分辨率	14 bit
带宽	400 MHz
上升时间	1.5 ns
输入阻抗	1 MΩ
输入容抗	20.2 ± 2.5 pF
量程(V_{pk-pk})	0.25 V、0.5 V、1 V、2.5 V、5 V、10 V、25 V、50 V、100 V、250V
工作温度	23 ± 3 ℃

1. 上升时间

图 6-36 所示的为方波响应测量接线图,其中,keithley 2410 高精度直流电压源(经湖北计量测试技术研究院校准,直流电压测量误差<0.01%)负责给方波发生器

提供直流电压,同时信号发生器负责触发方波发生器上的汞润高速继电器,继电器动作截断直流电压从而产生下降沿方波。

图 6-36 方波响应测量接线图 2

图 6-37 所示的为归一化方波响应波形。波形起始位置为 10%,采样时长为 500 ns,采样点时间间隔为 1 ns。两个通道的上升时间皆为 3 ns,CH0 通道的过冲约为 11%,CH1 通道的过冲约为 12%。结果表明,PXIe-5164 两个采样通道的方波响应上升时间远优于 IEC 标准对数字记录仪上升时间不大于 15 ns 的要求。

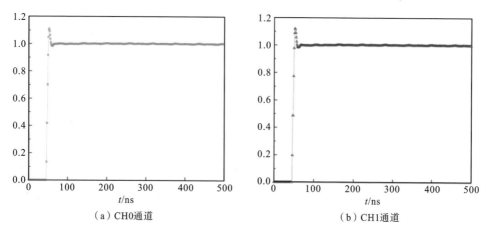

（a）CH0通道 　　　　　　　（b）CH1通道

图 6-37 归一化方波响应波形 2

2. 温度系数

冲击电压测量对环境的要求比较苛刻,尤其是对环境温度的要求,环境温度与测量装置额定工作温度差异过大会使测量结果产生比较大的偏差;同时,数字记录仪中的模数转换装置受温度影响也较大。IEC 相关标准要求测量系统应在仪器装置要求的额定工作温度下使用,但并未给出数字记录仪的温度系数试验及相关校准方法,因此,本节将校核 PXIe-5164 的温度系数,探究温度变化对其测量性能的影响,减小 PXIe-5164 在冲击电压测量中的测量不确定度。

PXIe-5164 的工作温度范围为 0～50 ℃,额定工作温度为 23±3 ℃,为了考虑环境温度引起的测量不确定度分量,以及修正 PXIe-5164 在实际测量中因不同环境温度产生的测量误差,设置温度系数测量试验:将 PXIe-5164 放置于可控温的温箱中,温箱设置温度范围为 5～50 ℃,图 6-38 所示的为温箱内温度变化曲线,如图所示,先由室温 20 ℃上升至最高工作温度 50 ℃,然后由 50 ℃下降至 5 ℃,最后由 5 ℃回到室温 20 ℃。每次温度变化 5 ℃,持续 0.5 h,在持续的 0.5 h 期间每隔 1 min 进行一次数据采集。测量交流电压的 LabVIEW 程序与测量直流电压的相同,在 LabVIEW 程序前面板设置量程为 10 V,采集次数为 10 次,10 次记录取平均值。

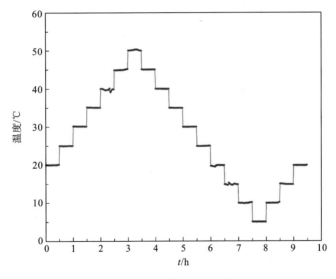

图 6-38　温箱内温度变化曲线

图 6-39 所示的为测量相对误差随温度的变化曲线。如图所示,5～50 ℃温度范围内,两个通道的测量相对误差变化在±0.4% 以内,通道 CH0 比通道 CH1 受温度的影响更小;同时,20～40 ℃温度范围内,两个通道的测量相对误差可以小于±0.2%。在实际使用中,环境温度基本可以保持在 20±2 ℃温度范围内,所以由环境温度变化引起的测量误差为±0.035%。当然,为了更精准的测量,可以使用温度系数曲线拟合公式对测量结果进行修正。

3. 计算软件

IEC 60060-2(-2010)及 IEC 61083-2(-2013)对雷电冲击测量二次系统的测量准

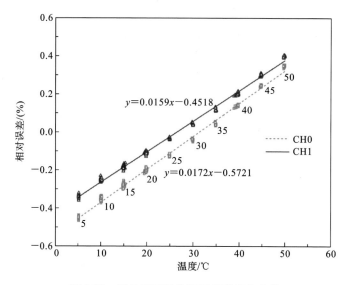

图 6-39　测量相对误差随温度的变化曲线

确度有具体要求,以往对冲击测量程序(软件)的准确度评价工作开展较少,随着 IEC 61083-2 标准及对应国标的颁布和逐步推行,电力行业对冲击测量程序的要求将会更加严格,各电力设备厂家对冲击测量程序的校准需求量也会逐渐增大。

　　IEC 61083-2 附带的波形发生器 TDG(test data generator)可以产生雷电全波 LI、雷电截波(波前截断及波尾截断)LIC、操作波 SI、雷电流波 IC 等波形数据,这充分覆盖了冲击试验中可能出现的各种类型的波形,其界面如图 6-40 所示。TDG 可

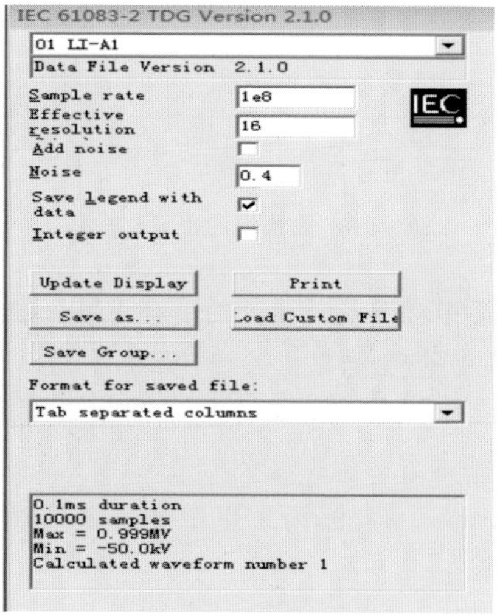

图 6-40　TDG 界面

以根据冲击测量中实际使用的硬件装置的采样率（采样频率）及垂直分辨率、噪声值等技术参数生成对应的测试波形：对同一编号的测试波形，当设置采集硬件的采样率及垂直分辨率不同时，对应生成的波形文件中的波形数据点的时间间隔及纵轴幅值间隔也会有所差异。在 IEC 61083-2 中对 TDG 产生的每种波形的各波形参数均给出了理论参考值，并给出了各测量结果的允许误差值。用户可通过比对使用软件的实际测量结果及参考结果，判断所用冲击测量程序的计算准确度是否满足要求。图 6-41 所示的为国家高电压计量站编制的软件的计算误差。

　　在冲击电压测量校准试验中，通常需要评定整个测量系统的测量不确定度，其中，冲击测量软件所引入的测量不确定度为其不确定度分量中的一部分，以本测量软件（1 GS/s，14 bit）的测量结果评定两种情况下该冲击测量软件所引入的不确定度分量。冲击测量软件测量不确定度的评定依据 IEC 61083-2 中附录 B 的要求进行

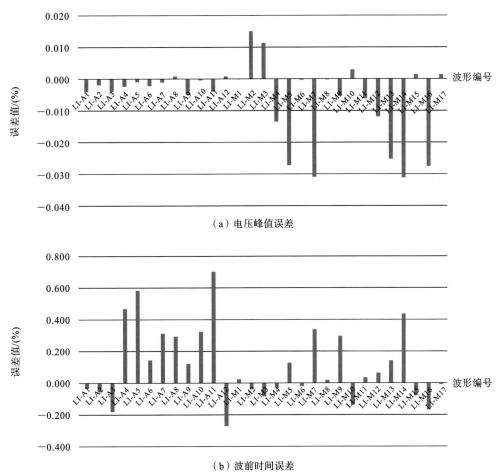

（a）电压峰值误差

（b）波前时间误差

图 6-41　软件计算误差

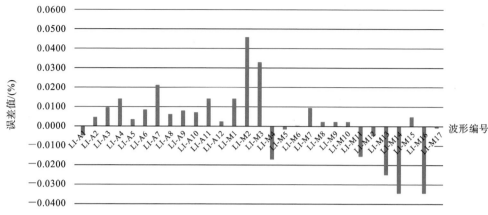

（c）半峰值时间误差

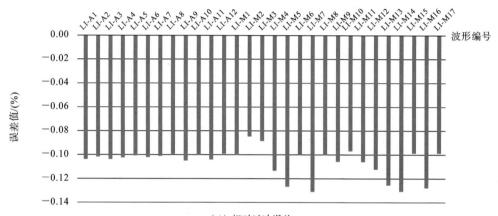

（d）相对过冲误差

续图 6-41

分析。

评定冲击测量软件的测量不确定度时，主要考虑两个分量。

（1）u_{B1} 由所测系列数据中实测值与标准值偏差最大的点计算得到：

$$u_{B1} = \frac{1}{\sqrt{3}} \max_{i=1}^{n} \left| \frac{x_i - x_{REFi}}{x_{REFi}} \right| \tag{6-82}$$

其中，x_i 为第 i 个波形的实测波形数据，x_{REFi} 为第 i 个波形的给定参考值。

（2）u_{B2} 为由给定标准值引入的不确定度：

$$u_{B2} = \frac{1}{2} \max_{i=1}^{n} U_{x,i} \tag{6-83}$$

其中，$U_{x,i}$ 是 x_{REFi} 的扩展不确定度，则软件的标准不确定度为 $u_B = \sqrt{u_{B1}^2 + u_{B2}^2}$。

第7章　冲击电压溯源方法

冲击电压测量系统的溯源包括电压峰值（刻度因数）的溯源及时间参数的溯源，对于低等级的冲击电压测量系统和数字记录仪，可以采用标准源法进行溯源，并溯源至冲击电压校准器。冲击电压校准器的量值可溯源至国家直流电压标准和电阻、电容元件标准。对于高电压等级的冲击电压测量系统，其电压峰值（刻度因数）的溯源包括低压下刻度因数的标定、高压下评定线性度，同时考虑临近效应、短时稳定性、动态特性、长期稳定性、干扰电平等对刻度因数的影响。本章介绍电压峰值（刻度因数）的（量值）溯源方法，分析溯源过程的主要影响因素，然后介绍线性度的评价方法，包括与高压冲击电压发生器比较的方法、与电场测量仪比较的方法等。

7.1　溯源方法

7.1.1　原理

为了讨论和分析方便，将冲击电压（分压器）测量系统分为两个部分，高压分压器部分包括电阻分压器、分压器的高压引线、高压引线上的阻尼电阻和同轴射频电缆及电缆匹配电阻等；测量仪表部分包括二次衰减器和信号采集示波器（数字记录仪）等。假设高压分压器部分的刻度系数（即刻度因数）为 N_1，测量仪表部分的刻度系数为 N_2，则整个测量系统的刻度系数为 $N = N_1 N_2$，冲击电压标准测量系统原理图如图7-1所示。

在理想情况下，由 $N_1 N_2$ 和测量仪表的显示电压值（波形）$x(t)$ 相乘可获得测量系统的被测电压值（波形）$y(t)$，即

$$y(t) = N_1 N_2 x(t) \tag{7-1}$$

但实际上波形的失真是存在的，在电工理论中利用系统的单位阶跃响应来研究波形失真。假设高压分压器部分的单位阶跃波响应为 $g_1(t)$，测量仪表部分的单位阶跃波响应为 $g_2(t)$，则可得到以下卷积积分公式：

$$x_1(t) = \frac{1}{N_1} \frac{\mathrm{d}}{\mathrm{d}t} \int_0^t y(t) g_1(t-\tau) \mathrm{d}\tau$$

$$x(t) = \frac{1}{N_2} \frac{\mathrm{d}}{\mathrm{d}t} \int_0^t x_1(t) g_2(t-\tau) \mathrm{d}\tau \tag{7-2}$$

如果阶跃波响应 $g_1(t)$ 和 $g_2(t)$ 没有任何畸变和延迟，即 $g_1(t) = 1$，$g_2(t) = 1$，

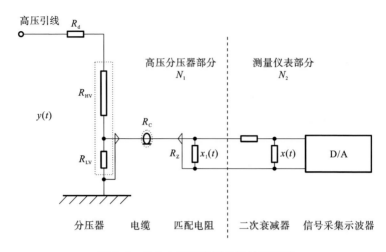

图 7-1　冲击电压标准测量系统原理图

则有

$$x_1(t) = \frac{1}{N_1} y(t) \tag{7-3}$$

$$x(t) = \frac{1}{N_2} x_1(t) = \frac{1}{N_1 N_2} y(t) \tag{7-4}$$

在实际的测量系统中,由于测量仪表部分所测量的电压幅值只有几百伏,因此二次衰减器可以做得非常小且具有很高的模拟带宽,加上所选用的测量仪器,如信号采集示波器,也具有非常高的采样率和带宽,因此,对于微秒级的冲击电压来说,测量几乎没有失真,可以认为其阶跃波响应是一个常数,即 $g_2(t) = 1$。

但对于测量系统的高压分压器部分,由于高压分压器存在对地和对邻近的接地或带电物体的分布杂散电容,以及高压引线的残余电感和对地杂散电容,分压器低压侧输出电压和高压侧输入电压的波形不同,输出波形将会产生畸变;且目前还没有办法按照实际测量回路进行如此高电压下的阶跃波响应试验,因此,这部分阶跃波响应是客观存在但却不可确切得到的,只能得出 $g_1(t) \neq 1$ 的结论。综上所述,可得

$$x(t) = \frac{1}{N_1 N_2} \int_1^t y(t) g_1(t - \tau) \mathrm{d}\tau \tag{7-5}$$

由式(7-5)可知,受测量系统中高压分压器部分的暂态特性影响,测量仪表部分测得的冲击电压波形会产生失真,由此将会引入测量误差。尽管无法获得真实的暂态特性,国内外的许多专家学者还是一直在进行研究试验,IEC标准和国家标准则采用了低压阶跃波响应来评估测量系统的暂态特性。一致的结论是,只要阶跃波响应参数在规定的范围内,由暂态特性引入的误差就可以控制在可以接受的范围内。

式(7-5)只有理论意义,在实际试验中仍采用刻度系数的概念进行测量,考虑到

暂态特性的影响,可由下列公式计算测量系统的输入电压:

$$y(t) = N_1 N_2 \cdot f(T_a, \beta) \cdot x(t) \tag{7-6}$$

其中,$f(T_a, \beta)$ 定义为测量系统高压分压器部分暂态响应特性的影响量,T_a 为阶跃波响应时间,β 为阶跃波响应过冲量。在理想情况下,$T_a = 0$,$\beta = 1$,这时,式(7-6)还原为式(7-1),$N_1 N_2$ 称为理想刻度系数。

由式(7-6)可知,被测量 y 是由 4 个彼此不相关的量相乘获得的,其合成标准不确定度为

$$
\begin{aligned}
u_c(y) &= \sqrt{\left[\frac{\partial y}{\partial N_1} u(N_1)\right]^2 + \left[\frac{\partial y}{\partial N_2} u(N_2)\right]^2 + \left[\frac{\partial y}{\partial f} u(f)\right]^2 + \left[\frac{\partial y}{\partial x} u(x)\right]^2} \\
&= y \sqrt{\frac{u^2(N_1)}{N_1^2} + \frac{u^2(N_2)}{N_2^2} + \frac{u^2(f)}{f^2} + \frac{u^2(x)}{x^2}}
\end{aligned} \tag{7-7}
$$

可得冲击电压标准测量系统的相对合成标准不确定度为

$$\frac{u_c(y)}{y} = \sqrt{\frac{u^2(N_1)}{N_1^2} + \frac{u^2(N_2)}{N_2^2} + \frac{u^2(f)}{f^2} + \frac{u^2(x)}{x^2}} \tag{7-8}$$

式中,$u(N_1)$ 为 N_1 的标准测量不确定度;$u(N_2)$ 为 N_2 的标准测量不确定度;$u(f)$ 为 f 的标准测量不确定度;$u(x)$ 为 x 的标准测量不确定度。

7.1.2　测量误差来源

在进行冲击电压测量试验时,冲击电压分压器和测量仪器(仪表)均存在引起测量误差的因素。

1. 冲击电压分压器

冲击电压分压器的误差影响因素有自身的非线性、动态特性、短时稳定性与长期稳定性、环境温度和邻近效应等。

1) 自身的非线性

对于冲击电压分压器,在高压时,电晕或电压等级的提高通常会带来一定程度的非线性。非线性校准通常通过线性度试验来实现。冲击电压分压器的输出应与线性度已被认可的标准装置进行比对,也可与线性高压发生器的输入电压进行比对,或与电场测量仪器的输出进行比对。与电场测量仪器进行比对适用于测量电晕起始电压。

2) 动态特性

动态特性试验可采取两种方法,一是标准方法,二是替代方法。

标准方法令被试系统(即被测系统)与标准测量系统(即标准系统)进行比对,系统应满足以下条件:① 两个系统测得的每一个时间参数的差值应在由标准测量系统测得的相应值的±10%的范围内;② 对于每一个时间参数,被试系统与标准系统的读数之比的试验标准偏差均小于其平均比值的 5%。

替代方法借助方波响应进行测量,试验接线图如图 7-2 所示。响应时间可作为

分压器动态特性的一个重要判据。方波响应的响应时间越长,被测系统测量冲击电压时的误差就越大。

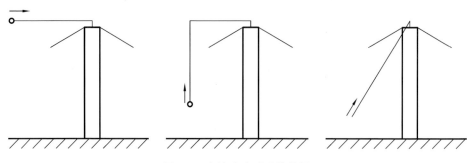

图 7-2　方波响应试验接线图

方波响应的上升时间应小于被测系统响应时间的 1/10。上升时间是指电压上升到稳定值的 10% 和 90% 对应的两点间的时间间隔。方波响应电源的内阻应小于被试系统输入电阻的千分之一。

3) 短时稳定性与长期稳定性

短时稳定性试验用于校验冲击电压分压器在自热情形下的测量能力。对冲击电压分压器连续施加标定测量范围内的最大电压,在刚刚达到最大电压时,立即测量刻度因数,并在电压降低前立即重复测量。电压施加时间不能长于标定工作时间,但可限制到一个足以达到平衡的时间。

长期稳定性试验用于对冲击电压分压器的测量结果在一段时间内的稳定性进行评估。长期稳定性试验通常规定以一年为周期。将一年前后冲击电压分压器的测量结果进行比对并进行分析、评估,从而确定冲击电压分压器的长期稳定性。

4) 环境温度

冲击电压分压器的测量结果可能受到环境温度的影响,可通过在不同环境温度下进行测量,或基于组件的特性计算来确定该影响程度。

冲击电压分压器的刻度因数在某一温度下的值与校准温度下的值的相对偏差若大于 1%,则应对刻度因数进行校正。当环境温度在一个很宽的范围内变化时,可对刻度因数使用温度修正系数进行修正。

5) 邻近效应

由邻近效应引起的冲击电压分压器的测量结果的变化或刻度因数的变化,可通过控制装置与一接地墙或带电体的距离来确定。改变分压器与接地墙或带电体的距离,可测得分压器的测量结果和刻度因数。

2. 测量仪器

测量仪器本身的误差影响因素有自身的非线性、仪器采用的软件等。测量仪器的非线性同样通过线性度试验来校验。仪器采用的软件的影响需通过进行软件校验来确定,可通过让软件对一组已有的参考试验数据进行处理来进行评估。所评估波形参数包括电压峰值、波前时间、半峰值时间、截断时间、峰值时间、过冲、振荡的幅值和频率。

7.1.3　溯源框图

对于冲击电压的量值溯源方法,国际上采用的方法大体相同,都是将系统分为高压部分和低压部分分别进行(电压)峰值和时间参数的量值溯源。对于高压冲击分压器主要进行长期稳定性、短时稳定性(也称短期稳定性)、线性度、动态特性、邻近效应、干扰水平等的特性试验,并合理评估各分量引入的不确定度分量。

对于二次测量装置,IEC 61083 和 IEEE 1241 对测量雷电全波时的各项性能指标(如上升时间、干扰水平、噪声水平、非线性、分辨率、带宽等)的验证方法和技术指标进行了详细的规定。IEEE Std 1122-1987 提出采用标准冲击波源对测量冲击信号用数字记录仪或数字示波器进行峰值和时间参数的性能校核,并规定了标准冲击波源的类型及其长期、短期稳定性,得到国际上的普遍认可,在此之后,各国计量院及研究冲击电压测量技术的学者们研制了高准确度的标准冲击波源冲击电压幅值和时间参数的溯源研究。

冲击电压测量系统量值溯源框图如图 7-3 所示,数字记录仪的冲击刻度因数可溯源至冲击电压校准器,数字记录仪的上升时间可通过示波器校准仪溯源至国家时间基准,整套测量系统可在低压下通过低阻抗冲击电压校准器进行校准得到冲击刻

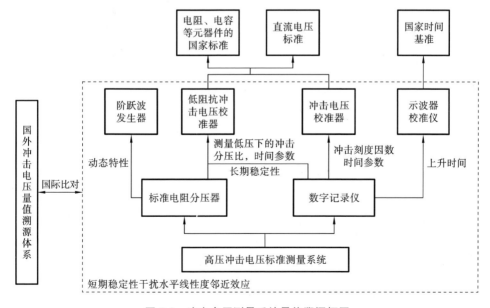

图 7-3　冲击电压测量系统量值溯源框图

度因数,将测量结果与直流刻度因数进行比较。冲击电压校准器可直接溯源至直流电压标准和电阻、电容等元器件的国家标准。

对于电阻分压器,可通过测量直流分压比和电阻值来确定其稳定性和重复性,通过动态特性试验得到其阶跃波响应特性,然后在高压下进行线性度试验、重复性和稳定性试验,最后根据试验结果合理评估各影响量引入的测量不确定度。对于已经建成的参考标准,IEC 标准推荐用国际比对的方法来统一各国的冲击电压峰值和时间参数的一致性。

对于理想的冲击电压测量系统,系统的输入电压和测量仪器的显示电压应成固定的比例。我们所要做的全部工作就是精确地获得这个比例系数,使得用测量仪器显示的值(波形)能够真实地再现系统的输入电压值(波形)。这个比例系数称为分压器测量系统的刻度系数,其不确定度即为所要讨论的冲击电压标准测量系统的幅值测量不确定度。

7.2　溯源过程

7.2.1　刻度因数标定

测量系统的刻度因数标定可使用冲击电压校准器作为标准源。高电压等级的冲击电压测量系统的刻度因数可通过低电压等级的冲击电压测量系统进行标定。

7.2.2　线性度

线性度作为衡量电阻分压器的关键技术参数,在冲击电压量值溯源和量值传递研究中是一个不容忽视的不确定度组成分量,表征为外施电压的变化、分压器分压比的变化。无论是冲击电压量值溯源研究,还是分压器的型式试验、出厂试验、例行试验、周期校准,线性度测量都是必要的项目。

1. 线性度校准方法研究现状

对特高压设备进行耐压试验的冲击分压器多为弱阻尼冲击分压器,其线性度的影响因素包括高压电容和低压电容的性能、环境条件、杂散参数、施加电压和电晕等。弱阻尼电容分压器的高压臂电容为油纸绝缘的脉冲电容器,高压臂电容的温度系数和电压系数由厂家给出。不同厂家生产的电容器性能差别较大是造成分压器线性度较差的主要原因,另外,电容器设计存在缺陷、绝缘裕度不够、容易产生电晕等也是重要的原因。在实际测量中,高压电容包括本体电容、高压引线对地杂散电容、分压器对地杂散电容、各电容元器件之间的电容,以及分压器对其他相邻带电物体的电容等。随着冲击电压幅值的增大,在高压引线和均压环上都会出现电晕,产生电晕时高压引线和均压环的等效半径增大,杂散电容增大,使得高压臂电容增大,分压器测得的幅值偏大。低压电容一般采用金属膜电容或者云母电容,其电容量与分压比成正比,因此,电容量的变化对分压比的影响也非常大。

目前冲击电压测量装置的校准方法是通过比对标准分压器与试品分压器得到试品分压器的测量误差。校准内容为分压比(测量误差)和线性度。而标准电阻分压器的额定电压一般小于 1000 kV,因此,对于高于 1000 kV 的部分,必须通过其他方法测量线性度,并将测量结果引入的不确定度分量合成至最终测量不确定度中,此条款在 2010 年版的 IEC 60060-2 中已明确提出。对于冲击分压器线性度测量,一般规定,对于认可的分压器,其线性度需在 1% 以内,IEC 标准仅给出了指导性的建议。下面对几种测量方法进行介绍。

1) 球隙测量

通过查表可知,当球的直径为 2 m 时,球隙为 1 m,其 50% 放电电压为 1930 kV,测量精度为 3%,理论上是可行的。但电压越高,球隙的制作难度越大,越不容易实现;且线性度受环境温湿度的影响很大。

2) 电场传感器测量

电场传感器通过取样电容上的电压与被测量电场成正比的关系测量电场强度。电场传感器的体积小,对被测电场的畸变非常小,理论上在不产生电晕的情况下,测量精度在 1% 以内;且电场传感器不受杂散参数的影响,其使用光纤传输信号,抗干扰能力强。鉴于这些优点,国内外许多大学和研究所研究用瞬态电场传感器测量冲击电压,西安交通大学利用电场感应研制的球形电场传感器可测量冲击电压信号,清华大学电机系根据铌酸锂(LiNbO₃)等晶体的线性光电效应(即 Pockels 效应)进行电场测量,利用钛扩散等物理与化学技术在铌酸锂晶片表面形成具有 Mach-Zehnder 干涉结构的波导调制器,将调制器的相位变化转换为光功率的变化,研制出双通道的电场测量系统。2009 年,相关人员在户外试验场的真型酒杯塔的中相塔窗内测量操作冲击电压,对于冲击电压信号,该传感器具有较好的时域响应,未发生电晕时,电场波形和电压波形的一致性好,但一旦发生电晕,电场畸变严重,测量值与计算值会存在很大的偏差。在 1000～3000 kV 下测量分压器的线性度时,不可避免地将会产生电晕,因此,该方法只能用于辅助验证。

3) 冲击电压发生器测量

此方法利用冲击电压发生器的充电电压检验被测分压器系统的线性度。试验时,冲击发生器的充电条件应保持稳定,在规定的冲击试验电压的 5 倍电压下,计算分压器系统的输出电压与相应充电电压之比。

4) 分节测量

分压器由多节相同单元组成时,可分节测量其性能,从低到高测量不同电压下高压臂的电容量,然后计算其分压比。对装配好的分压器的校验不应受电晕等的影响。但是在实际试验时,电晕的产生是难免的,而且装配后杂散参数等因素的影响量将会变化。

5）标准电容器测量

1985 年,戚庆成教授研究如何使用标准电容器测量冲击电压信号,由于高压电容器的结构特点是低压电极完全处于高压电极之内,因而其不受周围环境的影响,其绝缘介质为气体,电场分布为同轴均匀电场,可以认为其电容量不随作用电压的幅值、频率等因素变化,其为高准确度、高稳定性测量设备。如果可以使用其测量冲击电压信号,其性能将使其比其他分压器更为优越。教授研究了用 250 kV 的标准电容分压器改造成的电容分压器的性能,结果显示,采用屏蔽极接地的接线方式并适当选用回路参数后,利用标准电容器测量冲击电压可以达到相当高的准确度。由于使用的电容器额定电压较低,因此并没有进行线性度测量的相关研究。但是目前高压标准电容器的电压等级越来越高,使用其测量分压器的线性度具有理论可行性。

2. 与高压冲击电压发生器比较的方法

该方法的优点为:① 不用拆卸设备,试验时间较短;② 目前冲击(电压)发生器的控制系统技术发展成熟,保持充电时间一定,在相同级数和充电电压下,冲击电压幅值重复性可不超过 0.5%。在进行试验时,采用先理论假设然后进行试验验证的方法。方法一:将试验得到的发生器与分压器共同的线性度假设为分压器的线性度,此方法仅适用于测量结果非常好的情况。方法二:使用试验方法得到发生器与分压器共同的线性度,然后使用已经校准的分压器线性度得到发生器的线性度,此时两者相减可得到分压器的线性度。但此时也存在问题,发生器使用相同级数的,则充电电压需要相应增大,必须假设发生器各级电容充电电压也保持线性增大;每级充电电压一致,级数增多,必须假设不同级数充电电压没有不均匀性,而这两种假设都没有可靠的理论依据。因此,需要对冲击电压发生器的输出电压与充电电压比值的线性度进行评估,才能确定发生器是否可用于分压器线性度的测量。

影响冲击发生器线性度的因素非常多,包括环境条件、杂散参数、电容/电阻元器件、同步特性、充电电压准确度、充电时间、充电不均匀程度、泄漏电流及电压补偿等,且这些影响因素相互作用。本项目借鉴测量不确定度的评估方法,提出冲击电压发生器的等效线性系统综合约束优化方法,单次只改变一种条件,测量发生器输出电压的变化,进而评估各个影响因素引入的影响量。基于充电电压准确度、充电时间、泄漏电流及电压补偿、充电不均匀程度等影响因素的独立量化分析,提出冲击发生器输出电压影响量控制方法,大幅度提升利用配套发生器进行分压器线性度标定的准确度。

1）冲击电压发生器充电原理

(1) 恒压充电。

根据波形参数选择回路参数,波头电阻为 72 Ω/每级,波尾电阻为 70 Ω/每级,充电电阻为 28 kΩ/每级,主电容为 2 μF/每级。使用 Pispice 对充电回路进行仿真。图 7-4 所示的为直接使用直流电压源对回路进行仿真的电路图。

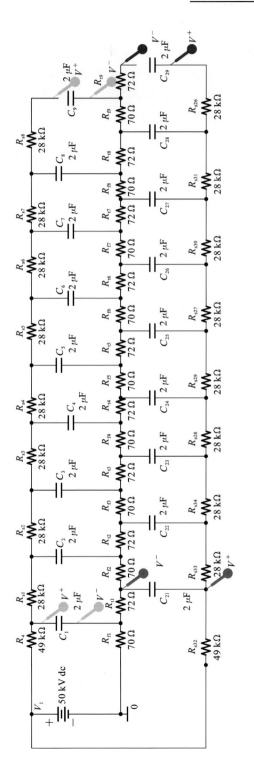

图 7-4　仿真电路图

图 7-5 所示的为电压仿真结果,电容器两端的电压接近成指数上升,双边充电时对应级数的电容器电压曲线重合,第一级电容器电压比最后一级电容器电压的上升速度快很多。最后一级电容器充电达到 $95\%U_N$ 时的时间点为 13.243 s。

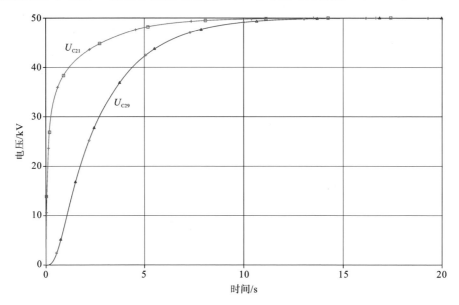

图 7-5　电压仿真结果

图 7-6 所示的为直流源充电时主回路电流的仿真结果。

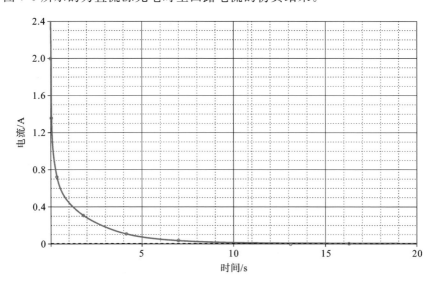

图 7-6　主回路电流的仿真结果

（2）恒流充电。

由于恒压充电存在充电初始阶段电流大，容易损坏器件，需要增加限流电阻，充电效率低等缺点，因此现在生产厂家多采用恒流充电的方式，电压随时间线性增长。

以本实验室的冲击电压发生器为例，其充电过程如下。

① 充电开始，软件控制可控硅的导通角打开，开始充电。

② 变压器的参数为 380 V/45 kV（包括倍压电路），原边电流为 20 A，高压侧电流为 170 mA，电容器的电压开始直线上升。

③ 在第一级电容器侧并联直流分压器，监视电压，当第一级电容器的电压达到 95%U_N 时，控制系统减小可控硅的导通角，使其高压侧的充电电流为 70 mA，继续为电容器充电，此充电时间很长，以保证后面几级电容器电压接近 U_N。

④ 电压达到 U_N 时，关闭可控硅，此时不再充电，发生器的泄漏电流为 0.5～1 mA。

⑤ 当直流分压器监测到电容器上的电压减小到一定值时，比如 1 kV，控制系统打开可控硅的导通角，以 70 mA 的电流给电容器充电。

⑥ 重复以上④、⑤过程。

如果使用电流表监测充电电流，我们可能得不到电压不均匀程度与充电电流的关系，因为电容器不是恒压充电的。

2）冲击电压发生器线性度影响因素研究

影响冲击电压发生器电压利用系数的因素较多，包括充电电压准确度、发生器多级电容器充电电压的不均匀程度、电容器的温度系数和电压系数、泄漏电流与充电补偿速度、充电时间等。

本项目针对实验室一套 4200 kV 冲击电压发生器进行相关的试验研究。如图 7-7 所示，该发生器为双边恒流充电的，一共 21 级，单个充电电容的电容量为 2.03 μF，负载电容量 C_2 为 400 pF。理论上，输出电压效率为

$$\eta = \frac{C_1}{C_1 + C_2} = 99.2\% \tag{7-9}$$

式中，C_1 为 42 个充电电容的串联电容。

为了研究发生器本体对冲击电压分压器线性度试验结果的影响，展开了以下试验及研究：冲击电压发生器首级充电电压准确度校准试验，充电时间对输出电压的影响研究，泄漏电流及电压补偿研究，充电不均匀程度试验研究。

（1）首级充电电压准确度校准试验。

监测发生器的首级充电电压、试品分压器的测量电压与发生器整体充电电压的比值，即可得到冲击电压发生器的输出电压利用系数，通过电压利用系数的变化值可得到试品分压器自身的线性度，这要求（首级）充电电压具有一定的准确度。

试验过程中采用国家高电压计量站准确度为 0.02% 的 100 kV 直流分压器分别监测首级两个电容器的充电电压，通过计算分压器二次表头的示值和来获得实际的

图 7-7　4200 kV 冲击电压发生器成套试验装置

充电电压,通过与充电软件上的充电电压示值进行比较,可获得冲击电压发生器首级充电电容的测量数据的示值误差。图 7-8 所示的为负极性下单级电容充电电压为 20 kV、40 kV、60 kV、80 kV、100 kV、120 kV 时,充电电压的示值误差。

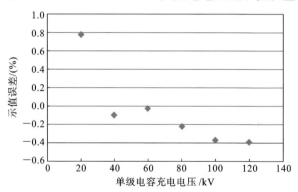

图 7-8　不同单级电容充电电压下充电电压的示值误差

　　从试验结果可以看出,在 20 kV 下,充电电压的准确度较低,与标准值的误差为 0.8%,在其他情况下,均可保证充电电压的示值误差在−0.5%以内。因此建议在充电电压为 20 kV 以上时借助发生器的电压系数变化进行分压器试验,当冲击电压单级电容充电电压设置过低时,试验结果会存在较大的误差,此时可以考虑减少发生器本体的充电级数,增大单级电容的充电电压,以保证试验数据的可靠性。

（2）充电时间对输出电压的影响研究。

进行冲击电压试验时，每次试验均需要设置不同的充电电压，对于充电时间，发生器生产厂家通常仅会给一个区间值，而并不给定具体的数值。

在不同的（单级）充电电压下（30 kV、60 kV、90 kV），设置不同的充电时间（30～100 s），观测弱阻尼分压器的输出电压值的变化，试验中采用的冲击电压发生器全部为 21 级充电电容器。图 7-9 所示的为在不同的单级充电电压下，不同充电时间对应

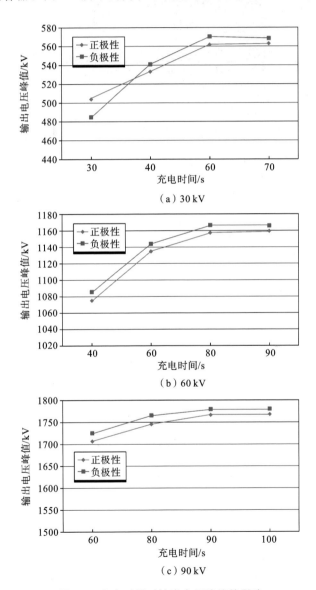

图 7-9　充电时间对输出电压峰值的影响

的输出电压峰值,从图中可以看出,随着充电时间的延长,发生器的输出电压峰值首先有较大幅度的增加,然后趋于稳定;正负极性下的趋势相同。随着充电时间进一步延长,输出电压峰值趋于稳定,因此,一味增加充电时间并不合理。

图 7-10 所示的为不同充电时间下发生器的电压值变化,从图中可以看出,充电电压越高,设置的下限充电时间越长。

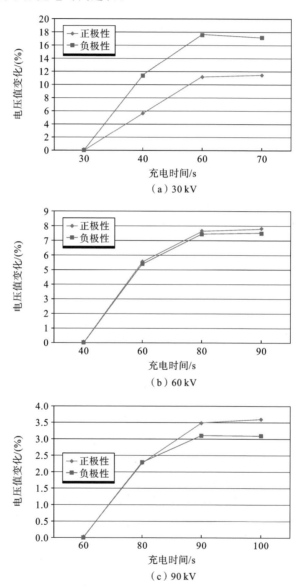

图 7-10　充电时间对电压值变化的影响

对于 4200 kV 的冲击电压发生器，不同充电电压对应的最小充电时间（建议值）如表 7-1 所示。

表 7-1　4200 kV 的冲击电压发生器的最小充电时间建议值

充电电压/kV	最小充电时间/s
30	60
60	80
90	90
120	100
150	110
180	120

（3）泄漏电流及电压补偿研究。

若冲击电压发生器的触发方式设置为自动触发，则当充电电压达到预定值（即设定值）后，会有一段电压保持时间，进而发生器的球隙会触发击穿放电。而自动触发放电的时刻具有一定的随机性和分散性，自动触发放电可能出现在充电保持过程中的任何时刻。在充电保持过程中，由于泄漏电流的存在，电容器上的电压实际上将会下降，而冲击电压发生器具有实时监控充电电压的功能，因此其又会不断补偿充电电压，以保证充电电容器上充电电压的稳定，但由于电压补偿具有一定的延迟性，因此在此过程中，冲击电压发生器每级电容器上的充电电压实际上随着时间的推移而发生波动。利用冲击电压发生器效率法进行试验时，当充电电压达到设置值后，发生器本体给出触发信号进而引发放电，从充电电压达到设置值，再到实际放电时刻，中间会存在数秒钟的时间，该时间很短，会使记录电压值与真实放电电压值具有一定的差异。且每次放电时刻的差异会导致每次放电电压均不相同，从而为分压器的线性度评估带来一定的影响。

本试验的目的为，在不同的充电电压下，在充电保持过程中，测量充电电压最高点与充电电压最低点之间的电压差别，得到在此过程中充电电容上的电压变化情况，定量分析泄漏电流对发生器最终输出电压的影响。

为了避免发生器自动触发放电，在试验中适当增大发生器的放电球隙间的距离，选择手动触发模式。当充电电压值达到设定值后，连续记录一段时间内电容器两端的电压变化，得到泄漏电流对发生器电容电压的影响。本试验选取了（单级）充电电压为 20 kV、60 kV 及 90 kV 三种情况进行试验，记录时间间隔为 0.5 s。电容器电压随时间的变化曲线见图 7-11，从图中可以看出，电压波形近似为振荡波形，当电压下降一定大小时，发生器开始进行充电电压补偿，导致电压上升，电压上升到设定值后，不再有补偿电压，由于电容器的泄漏，电容器上的电压又开始下降，如此循环往复。

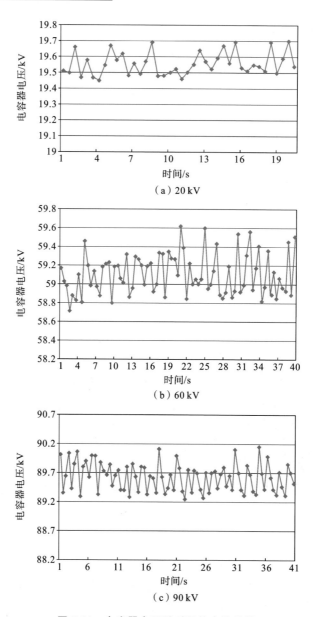

图 7-11　电容器电压随时间的变化曲线

从试验结果可以看出,由于电流的泄漏和电压的补偿,在充电保持过程中,电容器上的充电电压最大值与最小值间的差别达到 1.5%。即在同一试验电压下,冲击电压发生器的输出电压差别可达到 1.5%。若在试验过程中,将放电电压直接记录为充电电压设定值,将会对发生器的效率计算引入较大的误差。因此,建议在高电压等级的冲击电压分压器试验中,采用高准确度的直流电压分压器监测发生器首级充电电压,同时采用电子摄像头或其他记录设备记录在充电保持过程中直流电压发生器上的电压变化情况,以保证冲击电压试验的测量准确度。

(4) 充电不均匀程度试验研究。

采用冲击电压发生器,利用系数变化标定冲击分压器线性度的试验中,存在以下前提假设:冲击电压发生器的充电电压是均匀的,均与发生器首级充电电压相同。而在实际试验中,由于冲击电压发生器级数很多,就算保证足够长的充电时间,也很难保证每级电容器上最终的充电电压相同。一般来说,冲击电压发生器低级数的电容器的实际充电电压要高于高级数的电容器的实际充电电压,为了定量测量发生器实际充电过程中的各级电容器的充电不均匀性,以及充电不均匀性对发生器整体输出的影响,可借助悬浮电位直流分压器及无线测量探头进行辅助研究,装置实物图如图7-12 所示。无线测量探头安装于直流分压器的端部,通过金属件进行固定压接。用无线测量探头进行信号采样后,通过蓝牙进行数据传输。

(a) 直流分压器整体图　　　　　　(b) 无线测量探头的固定安装图

图 7-12　装置实物图

将安装好的悬浮直流分压器通过 T 型的金属支架固定于冲击电压发生器各级充电电容器的高、低压绝缘套管两侧,绝缘套管的一侧为电容器的充电高压端,另外一侧为低压端,图 7-13 所示的为实际安装图。

本试验中共采用了 5 台悬浮直流分压器,分别安装于 21 级冲击电压发生器的第 2、6、10、14、21 级,用于监测这 5 级电容器上的充电电压值。分别设置充电电压为 30 kV、50 kV 和 90 kV,监测充电过程中各级充电电容器的充电电压变化情况,在试验过程中,约每间隔 2 s 进行一次数据监测,为了防止发生器在此过程中自放电,试验过程中需将两球隙适当拉开。测量可知,充电电容器级数从低到高,充电电压逐渐减小,21 级与 2 级电容器相比,充电电压减小约 12%,此为实际电压利用系数远小于理

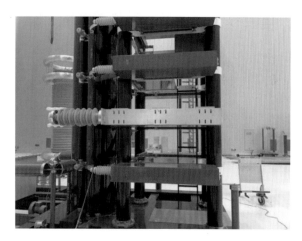

图 7-13　实际安装图

论计算值的主要原因,因此,各级电容器充电电压不均匀程度的变化直接导致发生器输出电压系数的变化。另外,随着充电电压的提高,电容器电压不均匀程度有所降低,发生器电压利用系数增大。

综上所述,使用配套冲击电压发生器评价高压分压器的线性度前,需要对冲击电压发生器的性能进行评估,评估的主要注意事项包括以下几点。

① 使用高精度直流电压分压器监控首级充电电压。

② 应考核发生器的同步性能,发生器放电时,输出电压将大大降低,因此,如果发生器自放电现象严重,需要重新调节球隙距离。

③ 在试验过程中,需要监测元器件发热情况,如果回路电容、电阻元器件发热严重,需要延长间隔时间。

④ 针对不同的充电电压,应确定不同的充电时间,级数变多,充电时间需要适当延长。

⑤ 由于充电电压在电压保持阶段会存在泄漏的问题,因此建议选择自带电压补偿功能的发生器。

⑥ 应选择合适的测量次数,测量次数太少将影响测量结果的有效性,测量次数过多,回路元器件会发热严重,一般建议选择 5 次左右。

⑦ 发生器充电电压需要大于 $30\%U_N$。从试验结果可以看出,充电电压较小时,输出电压远低于正常状态,因此,充电电压不得小于电容器额定电压的 30%。

⑧ 发生器充电电压大于 $70\%U_N$ 时,发生器自放电概率变大,元器件发热也较严重,此时需要增大放电时间间隔。

3. 与电场测量仪比较的方法

目前,尽管球形电场测量系统在高压测量领域中得到了一些应用,并取得了良好的效果,但要获得大规模的应用,仍有一些问题需要解决,主要包括以下方面。

1) 测量精度

要使球形电场测量系统广泛应用于高压测量领域中,必须保证其有较高的测量精度。系统的测量精度主要包括球形探头的测量精度、光纤的传输精度,以及球形探头与头纤之间的耦合精度等。在用传感器测量电场时,传感器探头尺寸过大、电极材质选择不当、测量电极的极间存在耦合和测量人员在场域附近等因素将引起周围电场的畸变,从而影响测量精度。因此,优化设计减小探头的尺寸及对探头表面进行精确的剖分来提高探头的测量精度,分析传感器探头在场域中引起的畸变量大小,优化设计传感器探头结构,研究一种可远程采集测量数据的电场测量系统,对于提高电场测量系统的精度具有重要意义。

2) 电磁干扰

球形电场测量系统的发射电路处于高压侧且在强电磁场环境内工作,因此,发射电路的电子元器件必须具有很好的抗电磁干扰能力。目前的做法是将发射电路置于空心金属探头内部,利用其本身的金属外壳来有效屏蔽电磁干扰。但是受内部结构的影响,发射电路有时不能达到理想的屏蔽效果。使用光纤传输数据时,电磁干扰将影响光电转换电路;使用无线网络传输数据时,将导致数据传输中断。

3) 对被测电场的影响

金属球形探头的引入,势必要对被测电场产生一定影响。当探头与电极间的距离 d 一定时,探头半径 R 越大则测量误差越大。因此,为了减小测量误差,探头的尺寸应尽可能做得小。探头尺寸减小,必然要求发射电路、电子线路的体积也相应减小。因此,如何进一步减小球形套头对被测电场的影响来减小测量误差是需要解决的关键问题。

4) 稳定性

球形电场测量系统工作在强电磁场环境,因此,测量系统中的工作电路、电子元器件等在这些场合下能稳定工作显得尤为重要。此外,发射电路和接收电路的可靠性和稳定性易受环境影响,保证这些电路能稳定地工作也是需进一步解决的问题。

因此,要采用与电场测量仪比较的方法测量分压器的线性度,需要进一步提高测量仪(即电场测量仪)的测量精度、稳定性,以及尽可能减小测量仪的体积,减弱测量仪对被测电场的影响。

(1) 球形探头变换原理。

在图 7-14 所示的一维球形电场探头误差示意图中,点电荷 $q(t)$ 为场源且在 Z 轴上方,设探头的球心位于坐标原点 O。O 点在未放入探头前的电场强度为

$$E_0(t) = \frac{q(t)}{4\pi\varepsilon d^2} \tag{7-10}$$

场源 $q(t)$ 的电力线与探头的测量方向一致时,可得探头的面电荷密度为

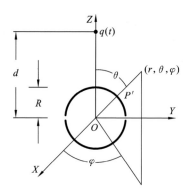

图 7-14　一维球形电场探头误差示意图

$$\sigma_P(t)=\varepsilon E_P(t)=-\frac{\varepsilon E_0(t)}{a}=\left\{\frac{1-a^2}{(1+a^2-2a\cos\theta)^{\frac{3}{2}}}-1\right\} \tag{7-11}$$

式中，$a=R/d$，R 为球的半径，(r,θ,φ) 是任意点的球坐标系坐标。

当 $a\rightarrow0$，即 $R\rightarrow0$ 或 $d\rightarrow\infty$ 时，传感器表面的电场近似为均匀场，由式(7-11)可知，探头的面电荷密度 $\sigma_1(t)$ 为

$$\sigma_1(t)=-3\varepsilon E_0(t)\cos\theta \tag{7-12}$$

可以计算出在均匀电场(简称均匀场)下探头半球面的总电荷量为

$$Q_1(t)=-\int_0^{2\pi}\int_0^{\frac{\pi}{2}}3\varepsilon E_0(t)\cos\theta R^2\sin\theta\mathrm{d}\theta\mathrm{d}\varphi=-3\pi R^2\varepsilon E_0(t) \tag{7-13}$$

而当 a 不为零时，在非均匀电场(简称非均匀场)的作用下，探头半球面的总电荷量 $Q_2(t)$ 为

$$Q_2(t)=-\int_0^{2\pi}\int_0^{\frac{\pi}{2}}\sigma_P(t)R^2\sin\theta\mathrm{d}\theta\mathrm{d}\varphi \tag{7-14}$$

由于 $|a^2-2a\cos\theta|$ 小于 1，所以公式可以展开成 $a^2-2a\cos\theta$ 的幂级数，把其代入式(7-14)中进行逐项积分，可以得到如下结果：

$$Q_2(t)=-3\pi R^2\varepsilon E_0(t)\left[1-\frac{7}{12}a^2+\frac{11}{24}a^4-\cdots\right] \tag{7-15}$$

设球形探头两极间测量电容为 C_m，测量电容两端的电压 $U_m(t)$ 为

$$U_m(t)=\frac{Q(t)}{C_m} \tag{7-16}$$

在均匀电场、非均匀电场中，该测量电压分别为

$$U_{m1}(t)=\frac{-3\pi R^2\varepsilon E_0(t)}{C_m} \tag{7-17}$$

$$U_{m2}(t)=\frac{-3\pi R^2\varepsilon E_0(t)\left[1-\frac{7}{12}a^2+\frac{11}{24}a^4-\cdots\right]}{C_m} \tag{7-18}$$

可以看出,均匀场下标定的探头用于测量非均匀场时的误差为

$$|\Delta e| = \left| \frac{U_{m2}(t) - U_{m1}(t)}{U_{m1}(t)} \right| = \left| -\frac{7}{12}a^2 + \frac{11}{24}a^4 - \cdots \right| \tag{7-19}$$

从上面的分析可以看出,只有 $a = R/d$ 很小时,非均匀场的误差才能忽略。而测量电极周围的电场分布时,d 本身就不大,因此需要减小球体尺寸。此外,电场测量仪靠近电极时,还会引起电极上的电荷分布变化,电荷将向近探头处集中,使该处场强较无测量仪时有所增大。测量仪的直径越大,电荷集中的影响也越大。所以,要减小探头的测量误差就必须设法减小探头的半径 r。

由式(7-19)可知,当 $a = 0.1$ 时,该测量误差小于 1%。

无论是在均匀场还是非均匀场中,外电场强度 $E_0(t)$ 都与感应电压 $U_m(t)$ 成正比。

(2) 稍不均匀场中测量电场测量仪的比例系数。

在特高压试验大厅测量球形电场测量仪在更高电压下的线性度,图 7-15 所示的为试验时的布置,图 7-15(a)所示的为球形电场测量仪的分布位置,两个外径为 2.3 m,中间平板部分直径为 1.5 m 的均压环放置在支撑架上,距离为 1.5 m。试验时球形电场测量仪通过支撑杆置于平板中部。

图 7-15(b)所示的为校准回路布置,标准冲击电阻分压器 SR1200 作为标准分压器用于校准测量仪的线性度,1800 kV 冲击电压发生器用于输出冲击电压波形。图 7-16 所示的为电场测量仪比例系数(相对)变化随电压的变化,从图中可以看出,从 240 kV 至 1200 kV,球形电场测量仪的比例系数变化随着电压的增大而降低。球形电场测量仪比例系数的平均值约为 0.05611 V/(kV/m),比例系数相对变化在 ±0.6% 以内。正负极性下,比例系数变化的变化趋势一致。

对稍不均匀场中球形电场测量仪的测量结果进行不确定度评定,仅评定冲击峰值的测量不确定度。表 7-2 所示的为不确定度评定表。

由于未评定数据采集卡的长期稳定性,当对该球形电场测量仪进行现场校准时,如果具备条件,可在现场对球形电场测量仪进行标定以减小其测量不确定度。

表 7-2 不确定度评定表

分　　量	评 定 方 法	不确定度分量/(10^{-3})
重复性引入的	A	0.3
标准电阻分压器引入的	B	1.5
线性度引入的	B	1.732
短期稳定性引入的	B	2
合成不确定度	A、B	4.9
扩展不确定度($k=2$)	A、B	10

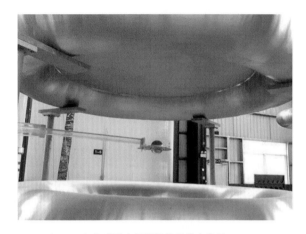

（a）球形电场测量仪的分布位置

（b）校准回路

图 7-15　试验布置图 1

（3）极不均匀场中测量电场测量仪的比例系数。

首先使用标准电阻分压器 SR1200 测量 1800 kV 冲击电压发生器在 1100 kV 左右的刻度因数，校准数据见表 7-3。

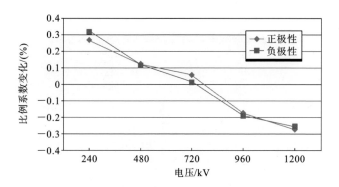

图 7-16　电场测量仪比例系数变化随电压的变化

表 7-3　刻度因数校准数据

标准电压/kV	试品电压/kV	刻度因数	标准电压/kV	试品电压/kV	刻度因数
1101.23	1098.60	2095	1108.91	1107.32	2093
1103.25	1101.14	2094	1105.61	1103.50	2094
1105.26	1102.62	2095	1104.31	1101.67	2095
1105.62	1102.98	2095	1108.21	1105.04	2096
1106.51	1104.40	2094	1102.31	1098.63	2097
1104.13	1102.55	2093	1105.56	1103.45	2094
1107.24	1105.12	2094	1106.91	1102.69	2098
1101.23	1100.70	2091	1107.56	1103.86	2097
1102.64	1102.11	2091	1108.61	1105.96	2095
1106.91	1106.38	2091	1105.41	1102.25	2096
刻度因数平均值					2095.5

　　将 1800 kV 冲击电压发生器的分压比设置为 2095，去掉标准电阻分压器。将球形电场测量仪置于电场中，冲击电压发生器高度为 8.5 m，球形电场测量仪置于弱阻尼分压器下方，离地高度为 1.2 m。分压器均压环与电场测量仪的距离约为 7.5 m。图 7-17 所示的为试验布置图。

　　设置冲击电压分压器的输出电压仍为 1100 kV 左右，计算球形电场测量仪的输出电压，电场测量仪的比例系数为 0.05611 V/(kV/m)。表 7-4 所示的为测量数据，从表中可以看出，当 1800 kV 冲击电压发生器的施加电压为 1100 kV 左右时，球形电场测量仪的输出电压为 8.124 V 左右，通过比例系数换算测得的电场强度约为 145 kV/m，此时计算的等效距离的平均值为 7.628 m。此距离小于发生器本体均压

图 7-17　试验布置图 2

环与电场测量仪的空间距离,其原因可能是该电场为叠加电场,冲击电压发生器本体均压环、负载电容、高压引线等都具有空间电场,实际测量的电场为叠加电场。

　　增加电压,测量不同电压下球形电场测量仪的数据,将其与冲击电压发生器的数据进行比较。利用电场测量仪的比例系数和表 7-4 中所示的等效距离,可通过电场

表 7-4　测量数据

发生器的施加 电压 U_1/kV	电场测量仪 输出电压 U_2/V	电场强度 E/(kV/m)	等效距离(U_1/E)/m
1104.88	8.1241	144.79	7.616
1104.90	8.1243	144.79	7.616
1106.92	8.1241	144.79	7.630
1107.28	8.1235	144.78	7.633
1108.17	8.1233	144.77	7.639
1105.79	8.1235	144.78	7.623
1108.90	8.1237	144.78	7.644
1105.88	8.1230	144.77	7.624
1104.29	8.1242	144.79	7.612
1108.57	8.1244	144.79	7.641
等效距离平均值			7.628

测量仪的输出电压计算等效测量电压,从而计算 1800 kV 电压发生器刻度因数在不同电压下变化。在 1200~1610 kV 电压范围内,电场测量仪的输出电压为 9.36~12.6 V,在此范围内,球形电场测量仪比例系数的变化可忽略不计。图 7-18 所示的为 1800 kV 弱阻尼下刻度因数(相对)变化随电压的变化曲线,从图中可以看出,刻度因数变化随着电压的增大而增大,1100~1610 kV 的电压范围内,刻度因数变化增加约 0.34%。

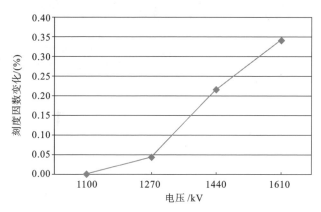

图 7-18　刻度因数变化随电压的变化

第 8 章　我国最高电压计量标准装置

国家高电压计量站成立于 1974 年,负责在我国范围内开展高电压大电流的量值传递工作,并负责开展高电压大电流计量技术研究,参与国际高电压大电流计量技术交流。目前国家高电压计量站保存有我国最高等级的工频电压比例标准装置(电压等级从 10 V 到 1000 kV)、最高等级的直流高电压比例标准装置(电压等级从 1 kV 到 1000 kV)、最高等级的冲击电压测量系统(涵盖目前工业、电力等领域所需电压范围)。本章介绍了三类标准(装置)的基本情况,并介绍了近期装置与国外计量机构的装置的计量比对结果。

8.1　工频高电压主要标准

20 世纪 80 年代,我国建立了第一套工频高电压标准自校准系统,测量范围为 1～110 kV,准确度为 0.01 级,曾获国家科学技术进步奖三等奖。20 世纪 80 年代,国家高电压计量站选派工程师王乐仁到德国联邦物理技术研究院作访问学者,期间与德国研究人员对 PTB 提出的电压串并联加法线路进行了深入研究,并在德国完成了 PTB 实验室电压比例标准的溯源。回国后,王乐仁在 PTB 电压串并联加法的基础上,提出半绝缘型电压串联加法,并在此基础上,研制了我国第一台工频电压比例标准自校准系统,如图 8-1 所示。

图 8-1　第一台工频电压比例标准自校准系统

2009 年,国家高电压计量站完成了最高至 1000 kV 电压等级电压比例标准(装置)的升级工作,首次提出了高电压比例量值的二分之一叠加溯源方法,开创了新的工频高电压量值溯源理论,从理论上突破了国际上 110 kV 以上工频高电压量值无法有效溯源的技术瓶颈。首创了"高压屏蔽隔离型电压互感器"等核心器件,采用 SF_6 气体绝缘的新一代工频电压比例自校系统,测量范围可以扩展到 1000 kV,准确度提高了 2 个级别,达到十万分之二级,处于国际领先水平,在计量标准装置、量值溯源技术和量值传递技术等方面实现了全面创新,使我国在该领域由跟随者跃居为领跑者。工频电压比例标准的系列技术先后获得 2018 年国家科技进步二等奖和第二十三届中国专利金奖。110 kV 工频电压比例标准自校准系统与 1000 kV 工频电压比例标准装置分别如图 8-2 和图 8-3 所示。

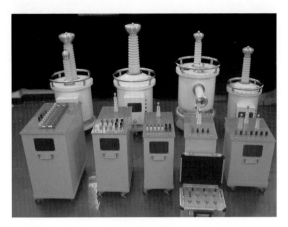

图 8-2　110 kV 工频电压比例标准自校准系统

图 8-3　1000 kV 工频电压比例标准装置

2017 年,国家高电压计量站与 PTB 开展了感应分压器测量能力的比对工作。国家高电压计量站提供了一台 1000 V 感应分压器作为传递标准,如图 8-4 所示,其为 1 台双级感应分压器,分压器比例绕组用同轴电缆绕制而成,将绕制的电压比为 1000 V/100 V 的参考绕组作为感应分压器的自校准用绕组。

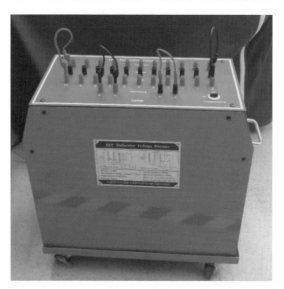

图 8-4 1000 V 感应分压器

图 8-5 和图 8-6 给出了 PTB 和国家高电压计量站给出的测量结果曲线,综合考虑双方的不确定度,比对 En 值小于 1。

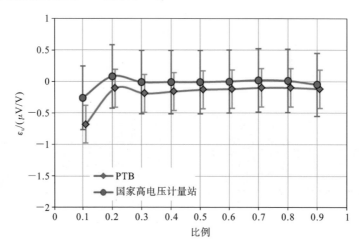

图 8-5 PTB 和国家高电压计量站给出的同相分量测量结果曲线

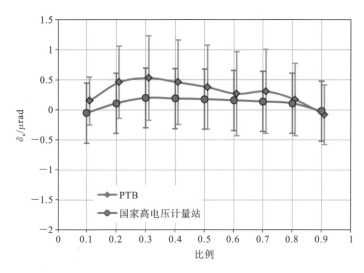

图 8-6 PTB 和国家高电压计量站给出的正交分量测量结果曲线

　　2018 年,国家高电压计量站与 PTB 再次开展了 10 kV 和 110 kV 电压等级电压
互感器测量系统的双边实验室比对,国家高电压计量站提供了 10 kV 和 110 kV 电
压互感器传递标准(装置),见图 8-7 和图 8-8。根据测试结果,综合考虑双方的不确
定度,比对 En 值小于 1。

图 8-7 10 kV 电压互感器传递标准　　　　**图 8-8 110 kV 电压互感器传递标准**

8.2 直流高电压主要标准

10～1000 kV 国家最高直流电压比例标准装置包括一台 10 kV 直流电阻分压器主标准、一台 100 kV 直流电阻分压器主标准、一台 1000 kV 直流电阻分压器主标准和两台 50 kV 直流电阻分压器辅助标准。

研制的 100 kV 直流电压比例标准装置由一台 100 kV 直流电阻分压器主标准和两台 50 kV 直流电阻分压器辅助标准组成。

研制的 1000 kV 直流电压比例标准装置由一台 1000 kV 直流电阻分压器主标准和两台 500 kV 直流电阻分压器辅助标准组成，如图 8-9 所示。图中，1 为 1000 kV 主标准，2 为 500 kV（上节）辅助标准和 500 kV（下节）辅助标准的串联。

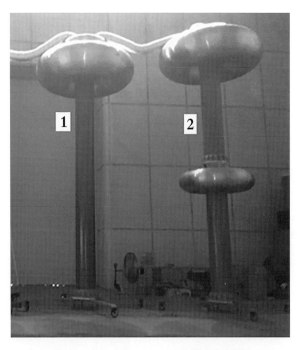

图 8-9　1000 kV 直流电压比例标准装置

1000 kV 主标准和 500 kV 辅助标准的电气参数如表 8-1 所示。

1000 kV 主标准和 500 kV 辅助标准的内部结构相同：测量电阻层和屏蔽电阻层由很多只电阻串联组成，绕着绝缘内筒从顶部向底部呈螺旋状均匀分布，测量电阻层在内侧，用绝缘支撑杆固定在绝缘内筒上，屏蔽电阻层在外侧，用绝缘支撑杆固定在测量电阻层的外侧，绝缘内筒的材料为有机玻璃，绝缘支撑杆的材料为聚四氟乙烯，内部充氮气作为绝缘介质，正常工作时，绝对气压约为 0.4 MPa。

表 8-1　分压器的电气参数

分压器	电阻层	总阻值/GΩ	额定电压/kV	额定电流/mA	额定功率/W	总功率/W
1000 kV 主标准	测量电阻层	4	1000	0.25	250	375
	屏蔽电阻层	8	1000	0.125	125	
500 kV 辅助标准	测量电阻层	2	500	0.25	125	187.5
	屏蔽电阻层	4	500	0.125	62.5	

1000 kV 主标准的标称分压比为 1000 kV/100 V 和 1000 kV/10 V,500 kV 辅助标准的标称分压比为 500 kV/5 V,需要指出的是,500 kV 辅助标准的高、低压臂是可分离的。

对研制的 100 kV 标准直流高压分压器(即直流电压比例标准装置)进行自校准:先在 10 kV 电压下进行分压比校准,然后用优化后的直流电压加法对 10～100 kV 电压范围内的分压比电压系数进行评定,最后综合低电压下的校准结果和分压比电压系数的评定结果,计算出 10～100 kV 电压范围内的分压比量值。研制的 100 kV 标准直流高压分压器,额定分压比为 100 kV/10 V 时,输出电阻为 40 kΩ。

用研制的 10 kV 标准直流高压分压器作为参考标准,对 100 kV 标准直流高压分压器在 10 kV 电压下的 100 kV/10 V 分压比量值进行校准。对于研制的 10 kV 标准直流高压分压器,量值溯源到中国计量院的国家基准,额定分压比为 10 kV/1 V 时,输出电阻为 4 kΩ。10 kV 标准直流高压分压器在 10 kV 电压下的 10 kV/1 V 分压比的实际量值 K_0 及相应的扩展不确定度 U_{rel},可以通过查看 10 kV 标准直流高压分压器的有效校准证书获得,通过校准试验,可以得到 100 kV 标准直流高压分压器在 10 kV 电压下的 100 kV/10 V 分压比的实际量值 K_x,校准结果如表 8-2 所示。

表 8-2　校准结果

项 目 名 称	数值/量值
K_0	10000.21/1
U_{rel}	$1 \times 10^{-5}, k=2$
K_x	9999.95/1

用优化后的直流电压加法,对 100 kV 标准直流高压分压器在 10～100 kV 电压范围内的分压比电压系数进行评定,实际的试验接线图如图 8-10 所示。

试验分三步进行:① 在电压 U 下,以 50 kV(下节)辅助分压器为标准,用 50 kV(下节)辅助分压器的 50 kV/5 V 分压比对 100 kV 主分压器的 100 kV/10 V 分压比进行校准,测量出二次输出电压的相对误差,记为试验 a;② 在电压 U 下,以 50 kV

图 8-10　优化后的直流电压加法试验接线图

（上节）辅助分压器为标准，用 50 kV（上节）辅助分压器的 50 kV/5 V 分压比对 100 kV 主分压器的 100 kV/10 V 分压比进行校准，测量出二次输出电压的相对误差，记为试验 b；③ 将 50 kV（上节）和 50 kV（下节）辅助分压器的两个高压臂串联后再与两个低压臂串联，得到分压比为（50 kV＋50 kV）/（5 V＋5 V）的串联辅助分压器，在电压 2U 下，以串联辅助分压器为标准，用串联辅助分压器的（50 kV＋50 kV）/（5 V＋5 V）分压比对 100 kV 主分压器的 100 kV/10 V 分压比进行校准，测量出二次输出电压的相对误差，记为试验 c。

对试验数据进行计算，可以得到 100 kV 标准直流高压分压器在 10～100 kV 电压范围内的分压比电压系数，再根据 10 kV 电压下校准得到的 100 kV/10 V 分压比的实际量值，可以得到 10～100 kV 电压范围内 100 kV/10 V 分压比的实际量值。100 kV 标准直流高压分压器的分压比电压系数和分压比的实际量值如表 8-3 所示。

表 8-3　100 kV 分压器的分压比电压系数和分压比的实际量值

电压/kV	10	20	30	40	50	60	70	80	90	100
分压比电压系数/($\times 10^{-6}$)	0	1	2	2	2	4	4	5	6	6
分压比的实际量值	9999.95 /1	9999.96 /1	9999.97 /1	9999.97 /1	9999.97 /1	9999.99 /1	9999.99 /1	10000.00 /1	10000.01 /1	10000.01 /1

　　对 100 kV 标准直流高压分压器的自校准结果进行不确定度评定,标准不确定度的类别、不确定度分量的来源、测量结果的分布、传播系数,以及标准不确定度分量的值如表 8-4 所示。

表 8-4　不确定度分量表

标准不确定度分量	标准不确定度的类别	不确定度分量的来源	测量结果的分布	传播系数	标准不确定度分量的值/$\times 10^{-6}$
u_1	A	10 kV 下标定 100 kV 主分压器的分压比时重复性测量引入的不确定度分量	正态分布	1	0.1
u_2	B	10 kV 下标定 100 kV 主分压器的分压比时测量装置引入的不确定度分量	均匀分布	1	1.2
u_3	B	10 kV 下标定 100 kV 主分压器的分压比时测量装置输入阻抗引入的不确定度分量	均匀分布	1	2.3
u_4	B	10 kV 下标定 100 kV 主分压器的分压比时 10 kV 标准器引入的不确定度分量	均匀分布	1	5
u_5	B	100 kV 主分压器电压系数引入的不确定度分量	均匀分布	1	5.7
u_6	B	测量 100 kV 主分压器电压系数时测量装置引入的不确定度分量	均匀分布	1	1.2
u_7	B	10 kV 标准器稳定性引入的不确定度分量	均匀分布	1	2.9
u_8	B	100 kV 主分压器稳定性引入的不确定度分量	均匀分布	1	3.5
u_9	B	邻近效应影响引入的不确定度分量	均匀分布	1	2
u_{10}	B	辅助分压器串联后,测量电阻连接点和屏蔽电阻连接点之间电位差影响时引入的不确定度分量	均匀分布	1	1
u_{11}	B	引线电阻和接触电阻影响引入的不确定度分量	均匀分布	1	0.6
u_{12}	B	温度影响引入的不确定度分量	均匀分布	1	2.9

合成标准不确定度为

$$u_c = \sqrt{u_1^2 + u_2^2 + u_3^2 + u_4^2 + u_5^2 + u_6^2 + u_7^2 + u_8^2 + u_9^2 + u_{10}^2 + u_{11}^2 + u_{12}^2} = 1 \times 10^{-5} \quad (8\text{-}1)$$

可得到

$$U_{rel} = 2 \times 10^{-5}, \quad k = 2 \quad\quad\quad (8\text{-}2)$$

100 kV 标准直流高压分压器采用优化后的直流电压加法进行自校准的结果、送至中国计量院进行校准的结果,以及送至 PTB 进行校准的结果如表 8-5 和图 8-11 所示。

表 8-5　自校准结果、中国计量院校准结果和 PTB 校准结果

电压/kV	10	20	30	40	50	60	70	80	90	100
自校准结果	9999.95/1	9999.96/1	9999.97/1	9999.97/1	9999.97/1	9999.99/1	9999.99/1	10000.00/1	10000.01/1	10000.01/1
	$U_{rel} = 2 \times 10^{-5}, k = 2$									
中国计量院校准结果	10000.01/1	9999.99/1	—	—	9999.98/1	—	—	9999.95/1	—	9999.89/1
	$U_{rel} = 2 \times 10^{-5}, k = 2$									
PTB校准结果	10000.03/1	10000.03/1	10000.03/1	10000.02/1	10000.02/1	10000.01/1	10000.00/1	10000.00/1	9999.99/1	10000.03/1
	$U_{rel} = 2 \times 10^{-5}, k = 2$									

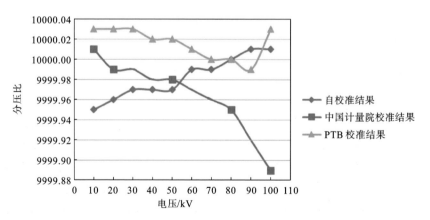

图 8-11　自校准结果、中国计量院校准结果和 PTB 校准结果图

按照国际上通用的 En 值计算方式,将自校准得到的分压比分别与中国计量院校准得到的分压比、PTB 校准得到的分压比进行比较,比较结果如表 8-6 所示。表 8-6 中,$|\gamma_1 - \gamma_2|$ 是 10～100 kV 电压范围内、相同电压下,自校准得到的分压比与中

国计量院或 PTB 校准得到的分压比的最大差值;U_{rel1} 是中国计量院或 PTB 校准结果的扩展不确定度;U_{rel2} 是自校准结果的扩展不确定度;En 值根据式(8-3)进行计算。

$$En=\frac{|\gamma_1-\gamma_2|}{10000\times\sqrt{U_{rel1}^2+U_{rel2}^2}} \tag{8-3}$$

比对结果较好,说明采用自校准方法得到的分压比量值与送至中国计量院校准和送至 PTB 校准得到的分压比量值一致。

表 8-6　比较结果

项　　目	与中国计量院 比较	与 PTB 比较
$\lvert\gamma_1-\gamma_2\rvert$	0.12	0.08
U_{rel1}	2.0×10^{-5}	2.0×10^{-5}
U_{rel2}	2.0×10^{-5}	2.0×10^{-5}
$\sqrt{U_{rel1}^2+U_{rel2}^2}$	2.8×10^{-5}	2.8×10^{-5}
En	0.4	0.3

8.3　冲击高电压主要标准

20 世纪 90 年代,我国建立了第一套冲击高电压标准测量系统,如图 8-12 所示,其测量范围为 50～500 kV,电压峰值测量不确定度为 1%,时间参数测量不确定度为 3%。2001 年,该系统参加了国际比对,电压峰值误差小于 0.5%,时间参数误差小于 3%。

2013 年,国家高电压计量站完成了最高至 1200 kV 冲击电压测量系统的升级工作,研制了 1200 kV 冲击电压标准电阻分压器、1 kV 冲击电压校准器。国家高电压计量站一直致力于研究冲击电压线性度的评价方法,研制了用于线性度校准的基于标准电容器的电容分压装置。1200 kV 冲击电压测量系统、1 kV 冲击电压校准器分别如图 8-13、图 8-14 所示。

2017 年,国家高电压计量站与德国联邦物理技术研究院使用国家高电压计量站研制的冲击电压校准器开展了数字记录仪测量能力的比对工作。

NCHVM 校准器如图 8-15 所示,包括精密直流电压源(Keithley 2657A)、数字多用表(34401A),以及控制软件等。校准器可以输出 IEC 61083 规定的标准波形,其电压峰值和时间参数可根据充电电压和回路参数计算得到,结果如表 8-7 所示。

图 8-12　我国第一套冲击高电压标准测量系统

图 8-13　1200 kV 冲击电压测量系统

图 8-14　1 kV 冲击电压校准器

控制软件

数字多用表

精密直流电压源

图 8-15　NCHVM 校准器

表 8-7　计算结果

编　　号	电压/V	电压峰值测量不确定度$(k=2)/(\%)$	T_1/T_p	$T_2/\mu s$	时间参数测量不确定度$(k=2)/(\%)$
CAL-1000-01#	50～1000	0.04	0.7876	58.02	0.4
CAL-1000-02#	50～1000	0.04	1.545	60.26	0.4
CAL-1000-03#	50～1000	0.04	14.963	4001.3	0.4

　　PTB 数字记录仪的主要技术参数如表 8-8 所示,垂直分辨率为 14 bit,最大采样率为 200 MS/s。该数字记录仪具有内置测量分析软件,测量时使用内置的刻度因数。图 8-16 所示的为数字记录仪照片。

表 8-8　PTB 数字记录仪的主要技术参数

名　　称	数字记录仪评价系统	型　　号	TR-AS 200-14
编号	563	采样率	LI 200 MS/s SI 50 MS/s
通道	CH0	入口阻抗	1 MΩ∥30 pF
电压量程/V	64, 80, 102.4, 128, 160, 200, 256, 320, 400, 500, 640, 800, 1000, 1250		
测量不确定度 $(k=2)$	电压峰值:0.4% 时间参数:1%		

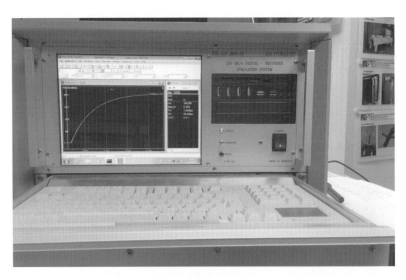

图 8-16　数字记录仪照片

　　NCHVM 数字记录仪的主要技术参数如表 8-9 所示。

表 8-9　NCHVM 数字记录仪的主要技术参数

名　　称	数字记录仪评价系统	型　　号	5164
编号	1208	采样率	LI 1 GS/s SI 200 MS/s
通道	CH0	入口阻抗	1.02 MΩ//30 pF
电压量程/V	64，80，102.4，128，160，200，256，320，400，500，640，800，1000，1250		
测量不确定度 (k=2)	电压峰值：0.15% 时间参数：1%		

1. 测量过程

比对/测量时间为 2017 年 8 月 10 日至 8 月 11 日,温度为 22.5～23.5 ℃,相对湿度为 55%。测量前校准器在 PTB 高压试验大厅中放置超过 24 小时。校准器与数字记录仪的连接电缆的长度为 1 m,波阻抗为 50 Ω,杂散电容为 102 pF。数字记录仪的输入阻抗(入口阻抗)为 1 MΩ//30 pF。

校准器的输出电压设置为 50 V、64 V、80 V、100 V、120 V、150 V、200 V、250 V、300 V、400 V、500 V、600 V、700 V、800 V、900 V、1000 V,数字记录仪的电压量程为 64 V、80 V、102.4 V、128 V、160 V、200 V、256 V、320 V、400 V、500 V、640 V、800 V、1000 V、1250 V。每个电压点重复测量 10 次,读取数据并计算平均值和标准偏差。测量连接方式如图 8-17 所示。

图 8-17　测量连接方式

2. 测量结果

10 余年的国际比对保证了 PTB 数字记录仪的测量水平,从试验数据得出,NCHVM 校准器性能优越。对于具有不同时间参数的 3 个校准器,数字记录仪对电压峰值的测量误差在 ±0.1% 以内,对雷电全波上升时间的测量误差约为 ±0.5%,对半峰值时间的测量误差约为 ±0.15%。图 8-18 至图 8-20 所示的为 1.54/60 μs 雷电全波校准器的电压峰值与时间参数的测量误差分布曲线。从图中可以看出,校准器与 PTB 数字记录仪的一致性非常好。

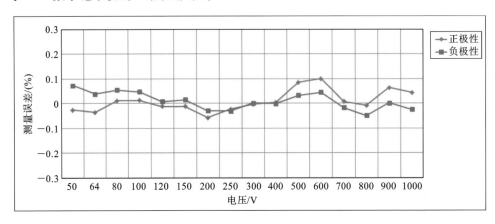

图 8-18　电压峰值测量误差分布曲线

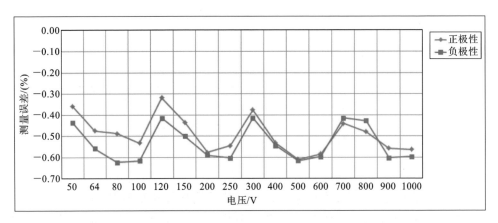

图 8-19　上升时间测量误差分布曲线

在 2017 年底使用 NCHVM 校准器对 NCHVM 数字记录仪进行校准,图 8-21 至图 8-23 所示的为测量结果,电压峰值的测量误差基本小于 |−0.1%|,在 50～1000 V 电压范围内,测量误差变化小于 0.1%;上升时间的测量误差小于 |−0.8%|;半峰值时间的测量误差在 −0.2%～0.1% 之间。由测量结果发现,两设备的一致性非

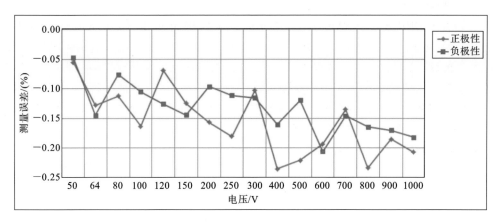

图 8-20　半峰值时间测量误差分布曲线

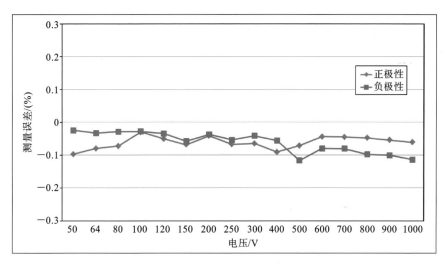

图 8-21　电压峰值测量误差分布曲线

常好。

　　按照国际上通用的 En 值计算方式,对国家高电压计量站和 PTB 的数字记录仪进行比较,比较结果如表 8-10 所示。表 8-10 中,$|\gamma_1 - \gamma_2|$ 是电压峰值、上升时间、半峰值时间测量误差的最大差值;U_{rel1} 是国家高电压计量站的数字记录仪的扩展不确定度;U_{rel2} 是 PTB 的数字记录仪的扩展不确定度;En 值根据式(8-4)进行计算。

$$\text{En} = \frac{|\gamma_1 - \gamma_2|}{\sqrt{U_{rel1}^2 + U_{rel2}^2}} \tag{8-4}$$

比对结果较好,说明两数字记录仪的电压峰值和时间参数量值一致性好。

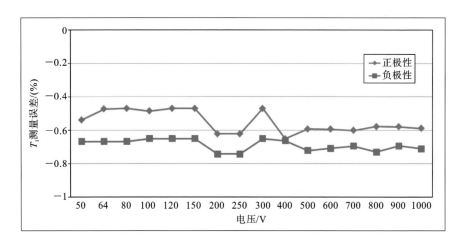

图 8-22   上升时间测量误差分布曲线

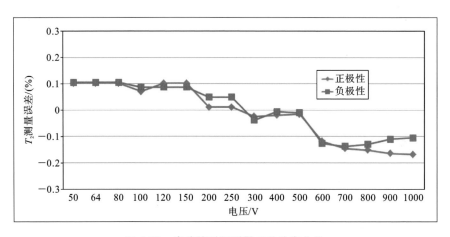

图 8-23   半峰值时间测量误差分布曲线

表 8-10   数字记录仪的比较结果

项　目	U_p	T_1	T_2
$\|\gamma_1-\gamma_2\|$	0.15%	0.3%	0.27%
U_{rel1}	1.5×10^{-3}	1%	1%
U_{rel2}	4.0×10^{-3}	1%	1%
$\sqrt{U_{rel1}^2+U_{rel2}^2}$	4.27×10^{-3}	1.414%	1.414%
En	0.35	0.21	0.19

参 考 文 献

[1] T. R. Foord. A 100 kV compressed-gas standard capacitor[J]. Journal of Scientific Instruments, 34.

[2] O. Petersons, G. J. Fitzpatrick, E. D. Simmon. An active high-voltage divider with 20 μV/V uncertainty[J]. IEEE Transactions on Instrumentation and Measurement, 1997.

[3] 姜春阳, 刘浩, 周峰, 等. 有源电容式分压器的研制[J]. 电测与仪表, 2019, 56(06): 148-152.

[4] J. Rungis, D. E. Brown. Experimental study of factors affecting capacitance of high-voltage compressed-gas capacitors[J]. IET Science, Measurement Technology, 1981.

[5] 周峰, 岳长喜, 雷民, 等. 基于电压串联加法的 1000 kV 国家工频电压计量标准[J]. 计量学报, 2012.

[6] 周峰, 郑汉军, 雷民, 等. UHV 串联式 TV 高压隔离部分的有限元分析及优化[J]. 高电压技术, 2007, 33(12).

[7] 雷民, 周峰, 章述汉, 等. 1000 kV 串联式标准 TV 的量值溯源及稳定性[J]. 高电压技术, 2010, 36(1): 98-102.

[8] 周峰, 郑汉军, 雷民, 等. 1000 kV 串联式标准电压互感器的研制[J]. 高电压技术, 2009, 35(3): 464-468.

[9] 姜春阳, 袁建平, 杨世海, 等. 特高电压标准电压互感器一体化装置的紧凑化设计及关键技术研究[J]. 高电压电器, 2016, 52(09): 20-25.

[10] F. Zhou, C. Jiang, M. Lei, et al. Development of ultrahigh-voltage standard voltage transformer based on series voltage transformer structure[J]. IET Science, Measurement & Technology, 2019.

[11] H. B. Brooks, F. C. Holtz. The two-stage current transformer[J]. Transactions of the American Institute of Electrical, 1922.

[12] J. L. West, P. N. Miljanic. An improved two-stage current transformer[J]. IEEE Transactions on Instrumentation and Measurement, 1991.

[13] R. D. Cutkosky. Active and passive direct-reading ratio sets for the comparison of audio-frequency admittances[J]. IEEE Transactions on Instrumentation and Measurement, 1964.

[14] T. A. Deacon, J. J. Hill. Two-stage inductive voltage dividers[J]. Proceedings of the Institution of Electrical Engineers, 1968.

[15] 赵修民. 高压双级电压互感器的研究[J]. 电测与仪表, 1993(2):17-20.

[16] H. Shao, F. Lin, L. Bo. The development of $110/\sqrt{3}$ kV two-stage voltage transformer with accuracy class 0.001[J]. IEEE Transactions on Instrumentation and Measurement, 2015.

[17] X. D. Yin, H. Liu, L. Lan, et al. Precision $500/\sqrt{3}$ kV three-stage VT with double excitation[J]. IET Science, Measurement & Technology, 2019, 13(9): 1239-1244.

[18] 姜春阳, 周峰, 杨世海, 等. 宽频电容式分压器的研制[J]. 高压电器, 2017, 53 (01):151-156+162.

[19] E. Mohns, J. C. Yang, H. Badura, et al. A fundamental step-up method for standard voltage transformers based on an active capacitive high-voltage divider[J]. IEEE Transactions on Instrumentation and Measurement, 2019.

[20] 赵修民. 电压互感器[M]. 太原:山西科学教育出版社, 1987.

[21] K. Suzuki. A new self-calibration method for a decade inductive voltage divider by using bifilar windings as an essential standard at wide frequency[J]. IEEE transactions on instrumentation and measurement, 2009, 58(4):985-992.

[22] R. Hanke. An improved straddling method with triaxial guards for the calibration of inductive voltage dividers at 1592 Hz[J]. IEEE Transactions on Instrumentation and Measurement, 1989.

[23] H. Zhang, H. Shao, J. Wang, et al. Voltage ratio traceability of 10 kV low-voltage excited two-stage voltage transformer[J]. IEEE Transactions on Instrumentation and Measurement, 2017, 66(6):1405-1410.

[24] E. Mohns, J. Chunyang, H. Badura, et al. A fundamental step-up method for standard voltage transformers based on an active capacitive high-voltage divider[J]. IEEE Transactions on Instrumentation and Measurement, 2019.

[25] 王勤, 周峰, 姜春阳, 等. 正立式压缩气体标准电容器的研制[J]. 高电压技术, 2013, 39(6):1509-1514.

[26] A. Braun, H. Richter, H. Dannberg. Determination of voltage transformer errors by means of a parallel-series step-up method[J]. IEEE Transactions on Instrumentation and Measurement, 1980.

[27] E. So, H. G. Latzel. NRC-PTB Intercomparison of voltage transformer calibration systems for high voltage at 60 Hz, 50 Hz, and 16.66 Hz[J]. IEEE Transactions on Instrumentation and Measurement, 2001.

［28］周峰,郑汉军,雷民,等.1000 kV 串联式标准电压互感器的研制[J].高电压技术,2009,35(3):464-469.

［29］周峰,郑汉军,雷民,等.UHV 串联式 TV 高压隔离部分的有限元分析及优化[J].高电压技术,2007.

［30］F. Zhou, C. Jiang, M. Lei, et al. Development of ultrahigh-voltage standard voltage transformer based on series voltage transformer structure[J]. IET Science,Measurement & Technology,2019.

［31］天津大学无线电材料与元件教研室.电阻器[M].北京:技术标准出版社,1981.

［32］余华.用放电法测量高阻值电阻[J].物理实验,2001,21(11):13-15.

［33］魏国瑞,张建国,李隆,等.数显温控精确测量金属丝的温度系数[J].陕西工学院学报,2005,21(2):93-94.

［34］徐建元,葛晓辉.非平衡电桥的研究与应用[J].青岛大学学报,2001,14(2):74-76.

［35］Y. H. Man,J. J. Mi. A numerical study on three-dimensional conjugate heat transfer of natural convection and conduction in a differentially heated cubic enclosure with a heat-generating cubic conducting body[J]. International Journal of Heat and Mass Transfer,2000,43(23): 4229-4248.

［36］J. P. Holman. Heat Transfer[M]. New York:McGraw-Hill Book Company,1976.

［37］熊楚安,杨世光.大容积自然对流、层流传热的数学模型研究[J].黑龙江矿业学院学报,2000(3):42-45.

［38］T. H. Kuehn,R. J. Goldstein. An experimental and theoretical study of natural convection in the annulus between horizontal concentric cylinders[J]. Journal of Fluid Mechanics,1976,74(4): 695-719.

［39］Y. Joshua,D. H. Schultz. A stable high-order method for the heated cavity problem[J]. International Journal for Numerical Methods in Fluids,1992,15(11): 1313-1332.

［40］S. F. Dong,Y. T. Li. Conjugate of natural convection and conduction in a complicated enclosure[J]. International Journal of Heat Transfer and Mass Transfer,2004,47(10-11): 2233-2239.

［41］李珍,褚衍东,李险峰,等.竖壁自然对流的数值模拟[J].黑龙江科技学院学报,2008,18(1):58-60.

［42］F. J. Suriano,K. T. Yang. Laminar free convection about vertical and horizontal plates at small and moderate Grashof numbers[J]. International Journal of Heat Transfer and Mass Transfer,1968,11(3):473-490.

［43］向群,陈明尧.化工领域中对流传热系数 γ 的计算[J].广东化工,2006,33(12):

101-102.

[44] E. M. Sparrow, G. M. Chrysler, L. F. Azevedo. Observed flow reversals and measured-predicted Nusselt numbers for natural convection in a one-sided heated vertical channel[J]. Journal of Heat Transfer, 1984, 106(1): 325-332.

[45] J. Kohlmann, H. Schulze, R. Behr, et al. 10 V SINIS josephson junction series arrays for programmable voltage standards[J]. IEEE Transactions on Instrumentation and Measurement, 2001, 50(2): 192-194.

[46] P. D. Dresselhaus, C. Yonuk, J. H. Plantenberg, et al. Stacked SNS josephson junction arrays for quantum voltage standards[J]. IEEE Transactions on Applied Superconductivity, 2003, 13(2): 930-933.

[47] 高原, 李红晖, 沈雪槎, 等. 10 V 约瑟夫森结阵电压基准[J]. 现代计量测试, 2000, 7(3): 12-16.

[48] 刘民, 李继东, 严明, 等. 一种可程控约瑟夫森直流电压标准装置[J]. 电子测量与仪器学报, 2009, 23(10): 8-12.

[49] L. X. Liu, S. W. Chua, C. K. Ang. Determination of DC voltage ratio of a self-calibrating DC voltage divider[J]. IEEE Transactions on Instrumentation and Measurement, 2005, 54(2): 571-575.

[50] H. Slinde, K. Lind. A precision setup and method for calibrating a DC voltage divider's ratios from 10V to 1000 V[J]. IEEE Transactions on Instrumentation and Measurement, 2003, 52(2): 461-464.

[51] Y. Sakamoto, H. Fujiki. DC voltage divider calibration system at NMIJ[J]. IEEE Transactions on Instrumentation and Measurement, 2003, 52(2): 465-468.

[52] X. Z. Zhang, J. P. Qie, L. L. Zhang, et al. High precision measurement of DC voltage ratios from 20 V/10 V to 1000 V/10 V[J]. IEEE Transactions on Instrumentation and Measurement, 2002, 51(1): 59-62.

[53] 李继凡, 张端球. Cutkosky 电阻分压器的分析[J]. 电测与仪表, 1986, (1): 28-34.

[54] S. Holtsan, 郭允晟, 译. 关于自校验电压分压器的输出电阻[J]. 国外计量, 1984, (5): 53-55.

[55] J. H. Park. Special shielded resistor for high-voltage DC measurements[J]. Journal of Research of NBS Section C, Engineering and Instrumentation, 1962, 66(3): 19-21.

[56] N. Dragounova. Precision high-voltage DC dividers and ther calibration[J]. IEEE Transactions on Instrumentation and Measurement, 2005, 54(5):

1911-1915.

[57] N. F. Ziegler. Dual highly stable 150-kV divider[J]. IEEE Transactions on Instrumentation and Measurement,1970,19(4):281-285.

[58] R. F. Dziuba,B. L. Dunfee. Resistive voltage-ratio standard and mearuring circuit[J]. IEEE Transactions on Instrumentation and Measurement, 1970, 19(4):266-277.

[59] B. V. Hamon. A 1-100 build up resistor for the calibration of standard resistors [J]. Journal of Scientific Instruments,1954,31(1):450-452.

[60] J. C. Riley. The accuracy of series and parallel connections of four-terminal resistors[J]. IEEE Transactions on Instrumentation and Measurement,1967,16(3):258-259.

[61] K. T. Kim,S. H. Lee,J. K. Jung,et al. Method to determine the voltage coefficient of a DC high-voltage divider[J]. IEEE Transactions on Instrumentation and Measurement,2003,52(2):469-473.

[62] H. Hirayama,M. Kobayashi,K. Murakami,et al. 10 kV high accuracy DC voltage divider[J]. IEEE Transactions on Instrumentation and Measurement, 1974,23(4):314-317.

[63] C. B. Childers,R. F. Dziuba,L. H. Lee. A resistive ratio standard for measuring direct voltage to 10 kV[J]. IEEE Transactions on Instrumentation and Measurement,1976,25(4):505-508.

[64] D. E. Saverio,G. Ferdinando,L. P. Giuseppe,et al. Calibration of DC voltage dividers up to 100 kV[J]. IEEE Transactions on Instrumentation and Measurement,1985,34(2):224-227.

[65] R. B. D. Knight,P. Martin. A high voltage divider having an uncertainty of 5 ppm at 100 kV[J]. IEEE Transactions on Instrumentation and Measurement, 1993,42(2):568-570.

[66] R. Marx. New concept of PTBs standard divider for direct voltage of up to 100 kV[J]. IEEE Transactions on Instrumentation and Measurement,2001,50(2):426-429.

[67] J. Hallstrom,A. Bergman,S. Dedeoglu,et al. Performance of a modular wideband HVDC reference divider for voltages up to 1000 kV[J]. IEEE Transactions on Instrumentation and Measurement,2015,64(6):1390-1397.

[68] Q. Li,L. R. Wang,S. H. Zhang,et al. Method to determine the ratio error of DC high-voltage dividers [J]. IEEE Transactions on Instrumentation and Measurement,2012,61(4):1072-1078.

[69] 章述汉,王乐仁. 基于电压加法原理的直流分压器校准方法[J]. 高电压技术, 2006,32(11):53-56.

[70] 张仁豫,陈昌渔,王昌长. 高电压试验技术[M]. 北京:清华大学出版社,2003.

[71] 龙兆芝,刘少波,李文婷,等. 冲击电压测量软件的验证及其比对[J]. 高压电器, 2014,50(6):91-97.

[72] Z. Long, S. Liu, W. Li, et al. Verification and comparison of impulse voltage measuring software[J]. High Voltage Apparatus,2014,50(6):91-97.

[73] T. Harada, T. Kawamuta, Yoshi Akatsu, et al. Development of a high quality resistance divider for impulse voltage measurement[J]. IEEE Transactions on Power Apparatus and Systems,1971,90(5):2247-2250.

[74] K. Schon. High impulse voltage and current measurement techniques[M]. Berlin:Springer,2013.

[75] 戚庆成,张子龙. 利用高压标准电容器测量冲击电压[J]. 高电压技术,1985.

[76] 龙兆芝,李文婷,刘少波,等. 基于标准电容器的工频、冲击两用型分压器的研制[J]. 高电压技术,2018,44(6):1836-1843.

[77] Z. Long,S. Liu,W. Li. Design and performance of a wideband precision capacitive divider for AC and impulse voltage measurement[J]. Review of Scientific Instruments,2018,89(115007):1-9.

[78] 龙兆芝,刘少波,李文婷,等.冲击电压分压器线性度试验研究[J].高电压技术, 2012,48(9):2015-2022.

[79] 龙兆芝,章述汉,刘少波,等.特高压冲击电压测量系统线性度试验方法研究 [J].高压电器,2012,48(9):56-62.

[80] 杨迎建,胡毅,邬雄. 特高压交流试验基地的建设[J]. 高电压技术,2007,33 (11):6-9.

[81] 李光范,廖蔚明,李庆峰,等. 7200 kV/480 kJ 冲击电压发生器的输出电压特性 [J]. 中国电机工程学报,2008,28(25).

[82] 杨迎建,周平. 冲击电压标准装置的建立[J]. 高电压技术,2006,32(1):5-7.

[83] 余存仪,熊云,袁梅珍,等. 冲击电压测量的国际比对[J]. 高电压技术,1992,18 (3):59-62.

[84] T. Wakimoto,M. Ishii. National standard class measuring system for impulse voltage in Japan [J]. XVth International Symposium on High Voltage Engineering,2007.

[85] 何义,李彦明,张小勇,等. 冲击电压测量系统的国际比对[J]. 高电压技术, 2001,27(5):54-56.

[86] 任稳住,冯建华,葛震,等. 800 kV 标准冲击电压测量系统及其不确定度的评定

[J]. 计量学报,2008,29(2):153-157.

[87] 戚庆成,张子龙. 利用高压标准电容器测量冲击电压[J]. 高电压技术,1985,11(2):1-5.

[88] 张益修,孙伟,傅正财,等. 冲击电压发生器充电不均匀度的仿真和实验分析[J]. 电气技术,2009,2:34-37.

[89] K. Feser,W. R. Pfaff,E. Gockenbach. Distortion-free measurement of high impulse voltages[J]. IEEE Transactions on Power Delivery,1988,3(3):857-866.

[90] E. M. Thomson,P. J. Menelaus,M. A. Unman. A remote sensor for the three components of transient electric fields [J]. IEEE Transactions on Industrial Electronics,1988,35(3):426-433.

[91] J. Ramirez,M. J. O. Pacheco,J. Rodriguez,et al. A device for the X-Y measurement of electric Fields[J]. Measurement Science Technique,1994,5(5):1436-1442.

[92] 张海燕,李成榕,王文端. 二维瞬态电场传感器的研究 [J]. 华北电力大学学报,1995,22(4):41-46.

[93] 王泽忠,李成榕,李鹏,等. 用球形三维电场探头测量变电站瞬态电场[J]. 华北电力大学学报,2002,29(3):16-19.

[94] 陈未远,曾嵘,梁曦东,等. 光电集成电场传感器的设计[J]. 清华大学学报(自然科学版),2006,46(10):1661-1664.

[95] 朱肇琨. 高压充气标准电容器及其发展[J]. 电力电容器与无功补偿,1985.

[96] D. L. Hillhouse.,A. E. Peterson. A 300 kV compressed gas standard capacitor with negligible voltage dependence[J]. IEEE Transactions on Instruments and Measurement,1973,22(4):408-416.

[97] T. R. Foord. A 100 kV compressed-gas standard capacitor[J]. Journal of Scientific Instruments,1957.

[98] 王勤,周峰,姜春阳,等. 正立式压缩气体标准电容器的研制[J]. 高电压技术,2013,39(6):1509-1514.

[99] 吴春风. 1200 kV 特高压正立式标准电容器的研制[D]. 北京:华北电力大学,2009.

[100] 黎斌. SF6 高压电器设计[M].4 版.北京:机械工业出版社,2015.

[101] 郭天兴,吴俊莉,张建平. 有限元法在标准电容器电场计算中的应用[J].电力电容器,2004(1):3-8.

[102] 郭天兴. 1000 kV 标准电容器的电容稳定性能研究[J]. 电力电容器,2006(6):12-18.

[103] 龙兆芝,李文婷,刘少波,等. 600 kV 高压标准电容器的研制[J]. 电测与仪表,2017(14):105-111.

[104] 高广澄.压缩气体电容器及其气体密度系数分析[J]. 电测与仪表,1985(10):20-21.

[105] W. E. Anderson,R. S. Davis,O. Petersons,et al. An international comparison of high voltage capacitor calibrations [J]. IEEE Transactions on Power Apparatus and Systems,1978(4): 1217-1223.

[106] 张宗九,陈少波. SF6 气体的压力和温度的关系[J]. 华东电力,2002(9):19-21.

[107] 高广澄. 环境温度对压缩气体电容器影响的试验研究[J]. 电测与仪表,1986(9):20-21.

[108] 赵保旺,高广澄.用双频法测量低压空气电容器的电压系数[J]. 计量学报,1991,12(2):131-137.

[109] J. Zinkernagel. A double frequency method for the determination of the voltage dependent capacitance variation of compressed gas capacitors [J]. IEEE Transactions on Power Apparatus and Systems,1979(1):304-309.

[110] 卡兰塔罗夫,采伊特林. 电感计算手册[M]. 北京:机械工业出版社,1992.

[111] A. Schwab,J. Pagel. Precision capacitive voltage divider for impulse voltage measurements[J].IEEE Transactions on Power Apparatus and Systems,1972.

[112] 张益修,孙伟,傅正财,等. 冲击电压发生器充电不均匀度的仿真和实验分析[J]. 电气技术,2009,2:34-37.

[113] D. L. Hillhouse. ,A. E. Peterson. A 300 kV compressed gas standard capacitor with negligible voltage dependence[J]. IEEE Transactions on Instruments and Measurement,1973,22(4):408-416.

[114] T. R. Foord. A 100 kV compressed-gas standard capacitor[J]. Journal of Scientific Instruments,1957,3(4):68-70.

[115] 杜林,常阿飞,司马文霞,等. 一种非接触式架空输电线路过电压传感器[J]. 电力系统自动化,2010,34(11):93-97.

[116] 谢施君,汪海,曾嵘,等.基于集成光学电场传感器的过电压测量技术[J]. 高电压技术,2016,42(9):2929-2935.

[117] 任稳柱,冯建华,葛震,等. 800 kV 标准冲击电压测量系统及其不确定度的评定[J]. 计量学报,2008,29(2):153-158.

[118] 戚庆成,张子龙. 利用高压标准电容器测量冲击电压[J]. 高电压技术,1985(2):2-6.

[119] 龙兆芝,刘少波,李文婷,等. 冲击电压测量软件的验证及其比对[J].高压电

器,2014,50(6):91-97.

[120] 龙兆芝,李文婷,鲁非,等. 低阻抗冲击电压标准波源[J].电测与仪表,2015,52(4):101-106.

[121] 李文婷,刘少波,龙兆芝,等. 冲击测量软件的计算性能分析[J].电测与仪表,2015,51(9):64-69.

[122] 张仁豫,陈昌渔,王昌长. 高电压试验技术[M]. 北京:清华大学出版社,2003.

[123] K. Schon. High impulse voltage and current measurement techniques [M]. Braunschweig:Springer,2013.

[124] 龙兆芝,李文婷,刘少波. 600 kV 高压标准电容器的研制[J]. 电测与仪表,2017,54(14):105-111.

[125] 李清泉,刘健,李彦明. 基于光纤的测量瞬态电场的球形传感器[J]. 传感器技术,2002,21(3):8-12.

[126] 牛犇,曾嵘,耿屹楠,等. 特高压真型塔操作冲击放电电场测量[J]. 高电压技术,2009,35(4):731-736.

[127] 李成榕,王文端,林章岁,等. 暂态电场球形测量探头的研究[J].华北电力学院学报(增刊),1993:21-28.

[128] 陈国文. 球形二维工频电场测量系统研究[D]. 北京:华北电力大学,2012.

[129] 张婷,方志,陈陶陶,等. 球形电场测量系统在高压测量领域中的应用[J]. 电测与仪表,2007,44(503):12-16.

[130] 胡平. 球型电场传感器测量系统的研究及应用[D]. 重庆:重庆大学,2011.